台山

中国农业公园

——规划·建设·运营

张天柱　李国新　伍国尧　主编

U0284160

中国建材工业出版社

图书在版编目（CIP）数据

台山中国农业公园：规划·建设·运营/张天柱，李国新，伍国尧主编 . —北京：中国建材工业出版社，2019.11

（美丽乡村系列丛书）

ISBN 978-7-5160-2559-8

Ⅰ . ①台… Ⅱ . ①张… ②李… ③伍… Ⅲ . ①农业园区－乡村规划－研究－台山②农业园区－建设－研究－台山③农业园区－运营管理－研究－台山 Ⅳ . ① TU982.296.54 ② F327.654

中国版本图书馆 CIP 数据核字（2019）第 092464 号

台山中国农业公园——规划·建设·运营
Taishan Zhongguo Nongye Gongyuan —— Guihua Jianshe Yunying

张天柱　李国新　伍国尧　主编

出版发行：**中国建材工业出版社**
地　　址：北京市海淀区三里河路 1 号
邮政编码：100044
经　　销：全国各地新华书店
印　　刷：北京中科印刷有限公司
开　　本：710mm×1000mm　1/16
印　　张：18
字　　数：240 千字
版　　次：2019 年 11 月第 1 版
印　　次：2019 年 11 月第 1 次
定　　价：**168.00 元**

台山·中国农业公园

袁隆平题

二0一七·三·廿九

"共和国勋章"获得者袁隆平院士题字

《台山中国农业公园——规划·建设·运营》

编写团队

主　编：张天柱　李国新　伍国尧

副主编：曾永生　郑　岩　潘　丽　于　雪

参　编：蒙建卫　张　洁　刘敬萍　郑文茹

　　　　郑青青　曾秋玉　曾炜敏　雷卓欢

　　　　陈士锋

目　录

第 一 章

国家农业公园发展导向

第一节　国家公园发展研究

一、国际国家公园的发展研究

（一）概述

"国家公园"概念是由美国艺术家乔治·卡特林（Geoge Catlin）首先提出的。1832年，在去达科塔州旅行的路上，看到美国西部大开发对印第安文明、野生动植物和荒野的影响，他深感忧虑。他写道："它们可以被保护起来，只要政府通过一些保护政策设立一个大公园——一个国家公园，其中有人也有野兽，所有的一切都处于原生状态，体现着自然之美。"1872年，世界上第一个国家公园——黄石公园在美国诞生，它的创建开创了由联邦政府管理公园之先河。

从1872年至今，国家公园的发展、建设事业从美国一个国家发展到世界上其他225个国家和地区；从发达国家逐渐发展到发展中国家；从单一的"国家公园"概念衍生出"国家公园和保护区体系""世界遗产""生物圈保护区"等相关概念。在1969年，国际自然与自然资源保护联盟（IUCN）将国家公园定义为具有国家意义的公众自然遗产公园，它是为人类福祉与享受而划定的，面积足以维持特定自然生态系统，由国家最高权力机关行使管理权，预防和阻止一切可能的破坏行为，游客到此观光需以游憩、教育和文化陶冶为目的并得到批准。目前，被世界上100多个国家广泛认同的是1994年国际自然与自然资源保护联盟提出的概念，即"国家公园是一国政府对某些在天然状态下具有独特代表性的自然环境区划出一定范围而建立的公园，属国家所有并由国家直接管辖；旨在保护自然生态系统和自然地貌的原始状态，同时又作为科学研究、科学普及教育和提供公众游乐、了解和欣赏大自然神奇景观的场所"。经过多年的研究和发展，"国家公园"已经成为一项具有世界性和全人类性的自然文化保护运动，并形成了一系列逐步推进的保护思想和最优化的保护模式。

（二）主要国家国家公园的研究

1872 年黄石公园作为国家公园第一次在世界上正式出现以后，国家公园的概念逐渐被世人所接受，国家公园的发展逐渐被各国政府视为一项具有全人类普遍意义的行动，国家公园模式逐渐被作为一种有效的自然遗产管理模式被国际社会广泛采用和推广。美国国家公园的发展以法律为基础，以管理目标的实现为目的提高规划的针对性和质量，并将理性分析、公众参与、责任制度纳入管理决策过程之中，为世界各国国家公园的设置与管理提供了借鉴。各国针对各自的社会和文化背景，以及不同的政体和财政投入，采取了与美国国家公园模式不尽相同的管理模式，出现了诸如英国模式、法国模式、日本模式、澳大利亚模式等，极大地丰富了国家公园的管理模式。

各国国家公园的特征不同，如以美国国家公园为代表的自然原野地为特征的国家公园、以非洲野生动物栖息地为特征的国家公园和以许多欧洲国家的人工半自然乡村景观为特征的国家公园。虽然国家公园体制各异、类型不同，但是其共同的特点就是它们都是自然保护地体系中代表国家自然和文化核心特质的一类自然保护地。

1. 美国

美国的国家公园体系是在全世界较成功的保护体系，其历史之久远、传播之深远、体系之完善，对全世界的自然保护运动都产生了重要影响。在 100 多年的发展过程中，形成了包括国家公园、国家纪念公园等在内的 20 多种保护类型的国家公园体系。目前美国有 401 处国家公园（或体系下的单位），总面积 38.4 万 hm^2（$1hm^2=10^4m^2$）。美国国家公园是以建设公园、文物古迹、历史地、观光大道、游憩区等为目的的所有陆地和水域。由此可见，美国国家公园除自然资源和景观的保护外，还承担着教育、旅游以及为人民提供福利等多种功能。

美国作为国家公园建设的先驱，在管理方面也为其他国家树立了典范：一是土地财产国有化。美国的土地私有化程度很高（私人所有的土地约占 51%)，但国家公园土地中超过 90% 属于联邦政府土地，只有极少量为自治团体、企业和个人所有。可见，美国政府对国家公园的保护管理极其重视。二是管理体制高度中央集权，资金保障归属联邦政府，地方政府不得插手国家公园的管理，这种管理体制避免了联邦政府与地方政府、私人之间的利益矛盾。三是绝大部分事权都由国家公园管理局直管，包括管理规划的编制与批准、建设项目的核准、经营性项目的准入等，更有利于体现国家公园的公益性特点。

2. 英国

英国的国家公园包含大量的古遗址和保护区，其特点同我国风景名胜区的情况比较类似。英国的国家公园归属英国"环境、食品和乡村事务部"管理，主要提供财政保障和制定政策，具体工作由各王国的相关机构负责。在国家公园内部，也存在众多保护区、古遗址、文化遗产等独立的保护地，且归属遗产署或农林部门管理，管理部门通过立法和规划进行独立或共同管理。英国的国家公园管理局非常重视国家公园规划的编制、批准和实施。国家公园规划包括管理规划、核心战略及其他规划，国家公园管理局的职责就是保护和规划控制，国家公园内部的规划管理工作占其工作量的 60% 以上。

3. 德国

德国的国家公园面积较大，通常在 $50hm^2$ 以上，大多是大型的、具有全国意义的自然景观，其中大部分区域很少或没有人类活动的影响。人们在其保护要求允许的情况下，可以进行开拓和探索，同时德国的国家公园还承担科学研究或环境教育的目的。国家公园主要采用地方管理模式，中央政府只负责政策发布、立法层面上的工作，而国家公园管理等具体事务全由地方政府负责，国家公园土地占有权属地方政府，其经营和管理经费也由当地政府自理。

4. 日本

日本的国家公园分为三大类：一是国立公园，由国家直接管理、环境大臣指定；二是国定公园，也可以叫作准国家公园，由都道府县进行管理、环境大臣指定；三是都道府县立自然公园，也可以叫作道立公园，是指在都道府县具有代表性的风景、由知事指定的自然公园。实际上，自然公园"以保护优质自然风景地，促进其利用，有助于国民之保健、修养及教化为目的"，主要功能是保护风景资源，提供国民旅游、教育和休憩场所，相当于国家公园。在资金投入方面，日本采用分类投资方式，以国家财政投入为主。

5. 南非

南非的国家公园大多生态环境良好，其中不少为世界著名胜地，如克鲁格国家公园以及为数众多的野生生物保护区等。在南非，建立国家公园和各类自然保护区不单纯是为了保护野生动物资源，还承担了发展旅游经济、增加就业和改善生活条件的重任。1956年，南非依据《国家公园法》设立了国家公园局，依法对国家公园实施管理，省或县、市设立的公园（也叫国家公园，但一般冠以某省或某地区加以区别）由地方政府或私人负责管理，也可由地方政府与私人共同管理。

二、国内国家公园的发展研究

中国没有引入国际自然与自然资源保护联盟（International Union for Conservation of Nature，IUCN）的保护地体系，一直以来也没有国家公园这种保护地形式，但中华人民共和国成立以后建立起了自然保护区、风景名胜区、森林公园、地质公园等实质上的保护地体系，分别由不同的政府部门管理。

我国法律中并没有"国家公园"这个概念，一些法规性文件中却早已出现。

1984年，我国的台湾省建立了"垦丁国家公园（Kenting National Park）"，2006年，云南省迪庆藏族自治州通过地方立法成立香格里拉普达措国家公园，同年8月，香格里拉国家公园挂牌成立。之后，云南省开始着手建设"云南省国家公园体系",提出了构建老君山国家公园、梅里雪山国家公园等8个国家公园。2008年,国家林业局批准云南省为国家公园建设试点省。

由国家政府部门在全国范围内统一管理的"国家公园"从2008年才刚刚起步。2008年10月8日,环境保护部和国家旅游局批准建设中国第一个国家公园试点单位——黑龙江省汤旺河国家公园,并将国家公园定义为:国家为了保护一个或多个典型生态系统的完整性,为生态旅游、科学研究和环境教育提供场所,而划定的需要特殊保护、管理和利用的自然区域。它既不同于严格的自然保护区,也不同于一般的旅游景区,以国家公园生态环境、自然资源保护和适度旅游开发为基本策略。该定义与IUCN关于国家公园的理念与模式基本一致。同时,在试点和探索的基础上,我国正式引入国家公园的管理理念和管理模式,借鉴"政府主导、多方参与、区域统筹、分区管理、管经分离、特许经营"等国际经验,建立与中国国情相适应的国家公园管理体系,研究和探索符合中国国情的国家公园建设与管理的体制、机制和制度,并制定国家公园建设和管理的政策、技术标准(中央政府网,2008),提高自然保护的有效性。

环境保护部和国家旅游局决定开展国家公园试点,主要是为了在中国引入国家公园的理念和管理模式,同时也是为了完善中国的保护地体系,规范全国国家公园建设,有利于将来对现有的保护地体系进行系统整合,提高保护的有效性,切实实现保护与发展双赢。

第二节　农业公园发展研究

一、国际农业公园的研究动态与发展现状

(一)概述

19世纪初,国外乡村旅游开发者们已经注意到农业观光的旅游价值,

并着手开发观光旅游农业，欧洲部分国家从而开启了农业旅游的时代。"农业公园"一词源于 1872 年，美国农业学会购买土地作为农民的展览场所，随着历史演变，发展为农民交流与售卖的活动场所，农业公园的雏形由此诞生。1986 年，马来西亚兴建了世界第一个真正意义上的农业公园。农业观光旅游历经了近一个世纪的发展，其侧重点也由最初的农业科技指导向旅游、休憩转变。

目前，业界对"农业公园"的定义和概念范畴存在较大的差异。笔者更倾向于秦华等学者的研究，农业公园作为观光农业的一种重要形式，它既不同于纯粹的农业，也有别于一般的城市公园与风景区；它兼有农业的内涵与园林的特征，从自身属性看，农业公园是一个用多学科理论与先进技术武装起来，具有强大的生产功能、优美的旅游观光外貌及显著的综合效益，多元化、复合型的生态经济系统，如生态农业观光园。

（二）内涵

农业公园内涵的准确表达，可以从两个角度加以诠释：首先是农业角度；其次是公园角度。

1. 农业角度

农业公园是农业发展的一种新形式，是将农产品生产功能与生活服务功能相结合的现代农业发展新模式，农作物、经济作物以及农事活动是农业公园主导性的组成要素，这也是区别于其他城市公园绿地最显著的环境和要素特征。另外，虽然农业公园的土地利用类型多为农用地（如耕地、园地、林地、鱼塘、设施农业用地等），但其生产经营的经济效益体现不仅局限于农产品价值，还有各种休闲服务价值，甚至服务价值超过农产品价值。因此，农业公园有别于一般的农业生产用地。鉴于农业公园以上本质内涵以及城乡一体化发展新趋势，农业公园（Agricultural Park）应定义为具有游览观光、休闲体验、文化交流和农产品生产消费等功能的绿色开放空间（Green Open Space），是城乡绿地系统中公园绿地的组成类型之一。

2.公园角度

农业公园是城镇化与城乡一体化以及现代农业发展到一定阶段出现的一种新型公园，是为广大城乡居民提供的一种休闲娱乐、游览观光、生活体验的新型绿色空间和场所，是兼有农业的内涵与园林特征的游憩空间，是新型城乡绿地生态系统中公园绿地子系统的重要组成部分（可归属专类公园），具有独立完整的用地形态和统一的经营管理主体，其大部分用地被绿色植物（包括农林作物和园林植物）等自然景观所覆盖。但其用地性质与目前一般城市公园不同，我国农业公园多为非建设用地（有些农业公园具有一定比率的村庄、农产品展示销售服务等建设用地），而一般城市公园都属城市建设用地。

（三）现代农业公园

现代农业公园是农业公园进一步发展的休闲农业类型，其公共性更强，表现形式也更丰富。与农家乐、农业观光园等传统休闲农业形态相比，其在农田生产性功能的基础上，增加多种特色的农业和非农业休闲活动，并通过丰富的组织模式与周边居民和游客产生互动。现代农业公园是结合城市郊区现有的或可被开发的农业用地，在保留农业生产活动、展示农产品生产过程、提供农业特色休闲项目的同时，能够充分满足市民公共生活要求的绿色开放空间。

目前，现代农业公园在北美部分国家、欧洲部分国家和日本等地较为流行。北美和欧洲部分国家的现代农业公园多在家族农场的基础上建成，具有悠久的历史和深厚的文化积淀；日本的现代农业公园则多由政府投资建造，建成时间较近且形式新颖。在我国，现代农业公园的发展起步较晚。20 世纪 90 年代，香港和台湾地区的休闲农业开始萌芽，陆续出现了许多生态教育体验型农园，但仅个别面积较大、功能较全。大陆的休闲农业起步较晚，但发展势头迅猛。

二、主要国家农业公园的研究

（一）荷兰库肯霍夫公园

库肯霍夫公园的前身是厨房花园，后经专家在此基础上改造，根据荷兰独特的地理优势与气候资源，将球根花卉与园林景观结合，打造专属荷兰的郁金香王国，同时将荷兰花卉市场推向全球，成为最大的球根花卉天堂。公园深入挖掘球根花卉这一主题，围绕荷兰国花郁金香为主要建设基调，辅以风信子、水仙花等球根类花卉植物，成为世界闻名的花园。

（二）马来西亚雪兰莪莎亚南农业公园

公园的范围相当广阔，800 余英亩（1 英亩 =4046.856m^2）的红树林和沼泽地是各种猴子、水獭、鸟类和蟹类的栖息地。公园内有多种类的水果园、花园，如蘑菇园、可可树园、杨桃树园、花草园、香料植物园、稻米园、胡姬园、仙人掌园等，同时还有原住民村庄、文化村及四季屋，能够了解当地的文化及风俗习惯。

（三）马来西亚沙巴农业公园

马来西亚沙巴农业公园（Sabah Agriculture Park）位于马来西亚沙巴州，占地 200hm^2，是一个以园艺为主，涉及种植业、畜牧业、渔业的综合型农业公园。公园最初是一个兰花种植中心，后来规模不断扩大，逐渐加入了罕见植物研究和旅游设施，最后农业学家、植物学家在这里种植了一些植物、农作物，最终形成现在的农业公园。园内建有原生兰花中心、农作物博物馆、植物观赏园、农业技术示范园、蜂中心和博物馆、动物园以及休闲娱乐设施等。公园最大的特色是植物种类十分丰富，尤其是公园拥有 1500 多种兰花，是东南亚兰花种类最齐全的公园。

（四）日本神户市立农业公园

公园位于与神户市中心市区相邻的丘陵地带，占地面积约为 200hm^2。

其设计充分利用周边农田和绿地的优势，借助两条清澈的水系，营造自然生态的公园环境。它是以葡萄酒文化产业为主线，集农业生产与加工、观光游览与学习、技术开发与实习、休闲体验与展览、经营销售与住宿餐饮等多功能为一体的复合型农业公园。公园内建有葡萄酒专用葡萄园、神户葡萄酒加工厂、储藏馆及葡萄酒展示馆，还有农户和学生培训设施、实习体验馆、体验农场、温室、烧炭窑、陶艺工坊、西餐馆、烤肉场、运动广场等。

（五）日本江永崎农业公园

日本江永崎农业公园——南瓜森林，是距离东京大约 200km 的农业公园。这个远离喧闹的城市、四面围绕着野地山林、草木气息浓厚的公园，占地面积约为 20 万 m^2，里面到处充满着跟南瓜相关的元素。造型各异的上百亩（1 亩 =666.67m^2）南瓜，黄灿灿的油菜园、古老的风车、优美的欧洲民乐合奏出南欧风情曲，使人产生一种超越时空的感觉，园内还有西式食品教室。这座南瓜森林不仅具有游览价值，还有很大的学习价值，可以帮助很多长期生活在城市里面的人认识和了解农作物。

第三节　中国农业公园发展研究

一、发展背景

（一）中国社会转型升级

当前，中国社会正处于广泛而深刻的转型时期，价值观、发展理念和发展机制均随之发生显著的变化。伴随世界环保运动的发展，我国在经历近几年持续快速增长后，意识到传统的高投入、高消耗、低效率的粗放型增长方式不能够实现经济和社会的持续发展，于是，开始探求经济、社会、人口、资源、环境相协调的可持续发展道路。由此，在探求节约资源、保护生态、经济可持续增长的过程中，转变经济增长方式，尊重自然规律，促进人与自然、人与人、人与社会关系和谐共荣成为新时代的新要求。

当今农业社会在工业化、城市化的推动，新技术和新材料的引入及物质条件的改善下，出现传统农业向现代工业文明转型、传统农业社会向现代城市社会转型的局面。人们将心中对家园般的美好想象寄托于乡村，田园之美也逐渐演化成为人们回归家园的本源。

（二）价值观念转变，休闲生活方式转变

信息化、知识化的今天，全球化成为当今的一种发展趋势，不仅给人们观念上带来转变，还给人们的生活方式带来了一定的冲击。据有关数据统计分析，成都市、杭州市等以休闲生活而闻名的城市在中国城市幸福指数排行中名列前茅，休闲生活方式已经逐步成为衡量人们自身幸福感的重要指标。近年来，休闲农业很受大家关注，作为现代农业的新兴产业形态和现代旅游的新型消费业态，为农林牧渔等领域带来了新的增长点。

休闲生活方式存在着四大特点，即休闲主体上的自主性、休闲时间上的充裕性、休闲条件上的优越性及休闲形式上的多样性。为应对生活形式多元化的今天，未来休闲生活方式将朝着更为自由、更符合人性的方向转变，物质生活型向精神生活型转变。

（三）农业农村部提出构建 100 个国家农业公园

随着经济的发展，城市化进程也逐步加快，人们的消费结构、生活水平与方式也相应地发生了变化，使得旅游观光等活动的增加成为可能，不仅如此，在城市化的进程中，随之浮现出来的一些环境问题也促使生活在都市中的人们对亲近大自然的田园生活产生了无限的怀念与向往。除此之外，城乡一体化发展趋势下，人居和生态环境良好发展，农村的产业结构发生了改变，农村道路等基础设施也加大了投入力度，特别是公共交通工具和私家车的发展，提高了城乡互动、外出休闲旅游的可能性。绿色、生态、健康的新型农业发展模式得到了大力发展，已经成为现代

农业发展的典范。中国村社发展促进会根据农业农村部制定的相关标准和政策，拟定用 5 至 8 年打造出 100 个"国家农业公园"。

（四）国家政策支持，解决资金、土地、人才问题

2018 年中央 1 号文件《中共中央、国务院关于实施乡村振兴战略的意见》给田园综合体、休闲农庄、特色小镇等休闲农业和乡村旅游带来了前所未有的发展良机。该文件提到"大规模推进农村土地整治和高标准农田建设"。实现大规模、高标准的农田建设，只有有实力、掌握知识技术的集体（如休闲农业主体开展以规模种植为主题的农业产业园、田园综合体、休闲农庄）才能做到，因此，农业公园将得到国家大力的技术支持。

2018 年中央 1 号文件指出："农村承包土地经营权可以依法向金融机构融资担保、入股从事农业产业化经营。实施新型农业经营主体培育工程，培育发展家庭农场、合作社、龙头企业、社会化服务组织和农业产业化联合体，发展多种形式适度规模经营。""确保财政投入持续增长。建立健全实施乡村振兴战略财政投入保障制度，公共财政更大力度向'三农'倾斜，确保财政投入与乡村振兴目标任务相适应。"以上内容解决了阻碍发展的资金、土地和人才问题，对乡村振兴项目投融资渠道、强化投入保障做出了全面部署安排。今后，国家将会进一步加大对农村经济社会发展的重点领域和薄弱环节的资金支持力度，更好满足休闲农业等产业发展多样化金融需求等；建立健全土地要素城乡平等交换机制，加快释放农村土地制度改革红利；造就更多乡土人才，发挥科技人才支撑作用，鼓励社会各界投身乡村建设。

二、研究目的

中国是一个农业大国，同时也是自然遗产资源丰富的国家，近年来农业产业结构调整已经初见成效，自然生态保护和开发也取得明显成就。但在市场经济条件下，面对旅游经济发展刚健的形势，中国城乡发展、

自然生态保护与利用的矛盾日渐突出，因此，中国农业公园规划作为一个前沿的研究课题，具有一定的难度，特别是中国有着与其他国家不同的国情，特色的中国农业公园如何规划、如何构建，以及管理与发展是值得做长期的深入研究的。

关于国家农业公园的理论研究大部分还集中于对其概念、特征与发展历程等方面，对其总体规划、产业规划等方面的研究尚处于空白。现今中国农业公园项目由于缺乏合理科学的指导规划，导致项目缺乏吸引力与市场竞争力，造成资源浪费，经济、社会效益低下等问题。

台山中国农业公园具有农村土地资源广阔、历史文化资源独特、岭南农业特色突出、生态资源保护较好、景观资源禀赋优越等特点，在现代性普及的时代，其包含的特性也有利于资源的挖掘与提取。因此，对台山中国农业公园的规划设计力求能从实践操作层面创新性地挖掘出一些农业农村发展的新路径，通过融入低碳、环保、循环、再生等可持续发展理念，并运用其探索出构建中国农业公园的规划设计方法，对丰富中国农业公园规划设计理论体系及美丽乡村建设都具有重要指导作用。

三、建设意义

在国家政策的引导下，关于中国农业公园的建设和管理问题的研究成为热点，从建立中国农业公园体制的背景来看，中国农业公园的设立并不仅仅是为了休闲农业与乡村旅游的发展，更重要的是要实践以制度保障生态文明建设的目标，推动农业全面升级、农村全面进步、农民全面发展，实现乡村全面振兴。

（一）理论意义

目前中国农业公园实践超前于理论研究，致使建设管理缺乏理论指导。中国农业公园研究属于农业发展和自然保护领域的热点和前沿，涉及乡村建设、农业发展、林业保护、生态环境管理、资源景观、精准脱贫、文化传承、旅游经济、旅游活动等众多内容，涉及农学、旅游学、建筑学、生态学、管理学、地理学、经济学等多学科知识体系。探索中国农业公园建设，寻找一套符合中国特色的农业公园发展规律、规范管理和合理利用农业资源的科学方法，不仅能促进农业资源在生态文明观的指导下有效保护利用和科学管理，而且还将丰富农业产业、自然生态、农业经济、公园管理等理论，为以后中国农业公园的建设和许多新兴学科的建设，提供理论基础和依据。

（二）实践意义

如何将丰富的农业资源和旅游资源有机地结合起来，已成为农业发展和现代旅游发展的共同课题。发展农业公园，能充分利用农村现有的农业产业资源和民俗文化资源，既可减少传统旅游资源开发对生态环境的破坏、对资源的消耗，又可充分挖掘和利用当地资源，实现农业和旅游业之间产业链的延伸；不但有助于旅游业新产品的开发、产业结构的调整，也有助于农副产品的深度开发和利用；还能通过旅游活动的开展进一步提高其附加值，从而形成一个更宽广的产业发展方向。中国农业公园建设的发展，能够带动农村道路的建设、运输业的发展、农副产品和手工艺品的销售、餐饮业的发展，此外旅游业的发展能够带来人流、物流、资金流、信息流，为当地相关产业的发展创造更多机会。农业公园建设在给当地带来经济效益的同时，还有助于保护农村的自然风光和资源不遭受破坏，使农村特有的文化、民俗风情、技艺得以延续和传承，同时也创造出具有特殊风格的农村文化。

在农业产业结构调整的大背景下，作为更具有乡村产业整合、休闲旅游开发、美丽乡村建设等领域整合效果的中国农业公园形态应运而生。"中国农业公园"与当前的社会发展需求相适应，一是解决"三农"发展的需求，与城乡一体化的新实践行为及实体形式，以引进城市的资本与人才为基础，再实现生态美、产业优、农民富为目的；二是解决粮食、蔬菜安全供应的需求；三是解决居民休闲旅游的需求；四是解决社会经济发展的需求。通过中国农业公园的设立来重新整合和完善中国的国家公园体系，这一体系的确立对于农业产业发展、自然生态保护、历史文化传承、社会秩序稳定和国民生活健康都有着重要的价值和意义。

四、基本内涵

中国农业公园以凸显"乡土、乡情、乡愁、乡韵"内涵为特色，是集美丽的农业景观、生态的休闲田园、传统的农耕文化、合理的农事组织、科学的农业生产、新型的农村社区于一体的公园发展新形态，综合了农业产业、农业观光和乡村旅游。同时，中国农业公园也是一种新型的旅游形态，它是按照公园的经营思路，以特色村庄的资源为核心，以原住居民生活聚落为载体，将区域内乡村的自然资源、生态资源、农业资源、文化资源、景观资源等进行整合、提升。

中国农业公园作为一种新型的公园形态，它既不同于一般概念的城市公园，又区别于一般的农家乐、乡村游览点和农村民俗观赏园，它是中国乡村休闲和农业观光的升级版，是农业旅游的高端形态。中国农业公园被认为是一种多功能的农业综合体，在建设新农村、发展观光农业、展示农业科技、调整产业结构、解决"三农"问题等方面都具有显著效果。

五、主要特征

中国农业公园是以原住居民生活聚落为载体，在一个完善有效的管理机构下，由优质的农业环境和资源（指自然与人文两个方面）、合理的农业产业结构、居民的幸福生活、完善的旅游基础和服务设施四个部分构成的。其主要特征如下。

（一）全域性

中国农业公园的建设和发展汇集了包括农学、旅游学、建筑学多学科知识体系，并且建设思路有园区化倾向，地域范围一般至少以村镇为单位，能够将农业生产、农民生活、旅游发展和乡镇建设集合为一体，是一个具有多功能业态集合的全域性园区。

（二）系统性

作为一个新型的旅游业态，国家农业公园呈现出鲜明的系统性。这个系统由自然生态系统、社区生活系统、产业经济系统、旅游服务系统四个相互包含、相互作用的子系统构成。社区居民、旅游经营者、旅游者三方以不同形式，作用于农业生态系统之上。

（三）全景式

站在管理学角度，管理本身就是一个整体。全景式管理是实现整体的协同发展，而不是聚焦在某一方面的优化。国家农业公园需要一个完善的管理机构以辐射更大范围的农业区域，进而确保各利益主体间的有效沟通与良性循环。参照国际上"国家公园"的管理方式，建立"政府+组织管理机构"的直线型管理模式，可使全景式管理更加可行。这也决定了国家农业公园的管理必须有政府和村镇集体的参与，这些力量的参与才能保证社会资本在参与建设和经营国家农业公园时不会产生过多的阻碍和纠纷，减少建设成本，提高发展效率。

（四）开放型

国家农业公园不是个体分散经营的农家乐，不是公益性的城市公园，也不是以营利为目的的封闭景区，而是一个生态型、可持续、开放式的有机系统。系统内部已经实现环境、产业、社区之间的良性循环，同时与外部系统之间形成了物资、技术、人力、资金等多方面的流动和转换。

（五）本土化

国家农业公园是基于不可迁移的地方农业资源禀赋而建立的乡村旅游综合体，也是乡村遗产价值最大的体现，所涉及的规划、设计、建设、运作等方面的新要素都要体现对本地自然规律和本土文化的尊重。国家农业公园的建设要求区域内耕地和农林地保护状况良好，农业产业及内部产业结构和谐发展，并且区域内的经济结构合理，经济组织形式能够适应时代发展需要，具备健全的经济管理模式，所有销售产品和提供的服务都要适应地方需求。

六、中国农业公园简介

农业部（现为农业农村部）于 2008 年制定发布了《中国农业公园创建指标体系》，采取逐级申报审核的方式，最终由中国村社发展促进会进行资格认定。该指标体系共有 11 项一级评价指标、51 项二级评价指标。

截至 2017 年年底，有包括浙江奉化滕头村（2009 年）、上海崇明前卫村（2009 年）、江苏常熟蒋巷村（2009 年）、江苏泰州市沈高镇河横村（2010 年）、陕西蓝田普化镇（2010 年）、辽宁凤城大梨树村（2010 年）、河北邢台前南峪村（2011 年）、黑龙江红兴隆管理局垦区（2012 年）、海南儋州市那大镇屋基村（2015 年）、河北秦皇岛市北戴河区集发农业观光园及北戴河村片区（2015 年）、广西玉林市玉东区五彩田园鹿塘村（2015 年）、广东台山（2015 年）、山西阳城县（2016 年）等 19 家单位创建成功。

（一）兰陵国家农业公园概况

兰陵国家农业公园位于山东省兰陵县，总投资 30 亿元，总面积为 62 万亩，其中核心区为 2 万亩、示范区为 10 万亩、辐射区为 50 万亩。兰陵国家农业公园是国家 4A 级旅游景区、全国休闲农业与乡村旅游五星级园区、全国休闲农业与乡村旅游示范点，被评为 2014 年全国十佳休闲农庄。

兰陵国家农业公园是以旅游度假、生态观光、休闲养生、科普教育、商贸宜居为主体功能的综合性园区，即表现为城乡互动的休闲模式、田园生活的体验模式以及融入农耕文化、乡土文化的旅游模式。项目试点选在代村，一方面依托于其中国蔬菜之乡、山东南菜园、兰花的核心资源；另一方面与近年来代村在新农村建设中取得的成绩密切相关。规划将其定位为"田园牧歌·如画代村"，激励着代村人继续前进，在乡村旅游领域取得更多成绩。

整个项目规划了十个功能区，分别是农耕文化、科技成果展示区，现代农业示范区，花卉苗木展示区，现代种苗培育推广区，农耕采摘体验区，水产养殖示范区，微滴灌溉示范区，民风民俗体验区，休闲养生度假区，商贸服务区。现已完成了农展馆、农展广场、游客中心、现代农业展示区、有机蔬菜推广和采摘体验区等项目建设，知青文化园、郁金香博览园、兰花苑等项目正有序推进，景区旅游元素正逐步丰富完善。

（二）中牟国家农业公园

中牟国家农业公园位于河南省中牟县，被列入省重点项目，主要涉及雁鸣湖镇的东漳东村、韩寨、朱固 3 个村，北至运粮河，东南至丁村沟，西接中东路，三面环水、一面为路，占地 7073 亩。

其核心资源是现代农业，规划将其定位为旅游观光农业样板区、创意农业的先行区、都市型现代农业的实验区。主要规划建设设施农业种植示范园、优质水产养殖示范区、农业文化创意园、花卉高新科技示范园、精品果蔬示范园、综合管理服务区六个功能分区。

公园的建设采用"政府搭台、企业运作"的方式，主要以农业耕地流转方式进行实际操作，入驻企业和政府签订土地流转协议，政府对农民进行补贴。以"科技创新、文化创意、要素整合、优势互补"为指导方针，积极引进花卉、水产、果蔬等科研单位和生产企业，生产一线紧密结合国内外先进的品种、技术和人才，研发推广产业技术、引进繁育良种、孵化培训人才、整合辐射信息，大力发展都市型现代农业，提升郑州市、河南省乃至整个中部地区现代农业的科技水平，加速现代农业的发展进程。

（三）玉林"五彩田园"中国农业公园

1. 概况

"五彩田园"位于广西玉林市玉东新区茂林镇，包括鹿峰、鹿塘、鹿潭、沙井、山电、陂石、陂耀、新寨、车垌、湘汉 10 个社区（村），面积 52km²，涉及人口 3.26 万人。"五彩田园"从"山水田林路、一产二产三产、生产生活生态、创意科技人文"多个维度推进规划建设，力争实现"现代特色农业出彩、新型城镇化出彩、农村综合改革出彩、农村生态环境出彩、农民幸福生活出彩"等"五个出彩"。

"五彩田园"围绕一产、二产、三产、新型农村社区和生态文明、新型社区文化和新市民培训等进行规划，建设2个小镇、5个核心园、25个特色园，形成核心带动、多点呼应、主辅结合、"一区多园"的规划布局。

"五彩田园"按照"市场主导、政府引导"的原则，以特色林果、南药、果蔬、粮食为重点产业，用5～7年的时间，努力建设成玉林市都市农业功能拓展的先行区、海峡两岸农业合作试验区的核心区、广西城乡融合生态新区美丽田园，以及中国—东盟现代特色农业示范区。如今的"五彩田园"，正向着"两区同建、全域5A、国际慢城"的目标迈进。其中，现代特色农业产业园区和新型社区同步建设，全域按照5A标准打造成国际性的休闲旅游胜地。

其核心资源是田园风光、生态环境，规划将其定位为现代特色农业的典范、新型城镇化的典范、农村综合改革的典范、美丽乡村的典范、城乡统筹发展的典范。

"五彩田园"在政府的带动下，通过"政府搭台＋企业运作"的建设模式，以企业为龙头，建基地、带农户、拓市场、促销售，基本形成了从技术、生产、加工到物流的产业链条，促进了现代农业产业化发展；同时与科研院所合作，成立了"五彩田园"专家咨询委员会，促进"五彩田园"健康、规范、科学、高效发展。

"五彩田园"在运营方面采用双体验模式实现产业的升级，即以游客的游玩体验和服务体验为两大抓手进行旅游与农业的融合，在最大限度上满足游客体验。通过"节庆＋品牌"筑巢引凤的方式进行破局并取得成功，仅开园半年游客就超过百万。来自市场的热情，点燃了"五彩田园"的市场信心。与此同时，"投资＋运营"的落地实战模式让"五彩田园"成为最具热点和传播度的农业旅游示范观光景区，赢得了旅游者的青睐。

2. 功能分区

（1）"农业嘉年华"高科技农业展示馆

"嘉年华"（Carnival）最早是人们为庆祝太阳复苏，盛装狂欢，一周后迎来复活节前的大斋戒，是人们祈求农作物和牲畜繁盛安康、辟邪驱魔的农业狂欢节。

"农业嘉年华"是以农业生产活动为背景，以狂欢活动作为载体的一种农业休闲体验模式。它以市民需求为导向，以农业科技为支撑，以农产品为道具，充分体现了农业的多功能性，从而达到使全民关注都市农业发展与健康生活方式的目的。

"玉林嘉年华"项目旨在承载产业拓展、科技展示、科普教育、技术推广，搭建技术、展销平台等功能，以达到推动区域农业产业规划、带动周边农业产业升级、促进都市现代型农业发展之目的。

（2）中国南药园景区

建设中国南药园，是玉林发展百亿中医药产业战略的重要支撑，是"五彩田园"蓝图的重要构成，助推玉林调结构、促转型，争做广西现代农业发展改革的排头兵和先行者。

中国南药园总投资15亿元，规划用地约1万亩，年产值超20亿元。以南药种植、科研为基础，以南药园休闲旅游观光为驱动，融合南药养生和国际健康理念，发展现代高效农业、休闲旅游和健康养生产业，促进农业产业结构调整，提高当地农民收入，推动新型农村城镇化，实现区域生态、社会、经济的全面协调发展。

（3）荷塘月色景区

荷塘月色景区位于玉东新区茂林镇鹿塘村，规划用地面积为200亩。景区以"荷"为主题，以山水田园风光、水产养殖观赏和农家风情体验为主线，展现乡土、地域、民族风情。

项目依托现状优越的山水田园风光和特色鲜明的生态农业产业，将荷塘月色分为"农家食府""曲院风和""映月湖""金钩满塘""四面荷风""西山月色"六个景点。

（4）海峡两岸（中国玉林）农业合作试验区

项目位于玉东新区茂林镇沙井村，紧靠广西"五彩田园"现代特色农业示范区主游线，交通便利。示范园地势平坦、水源丰富，西北部与东南部两侧为近南北走向低山，形成夹管形地形。

规划将园区打造成为现代农业技术交流平台，国内先进农业设施装备展示平台，农业科研院校合作平台，农业先进理念、模式及技术推广平台，中国—东盟现代科技合作与转移平台。

（5）荷之源景区

项目位于玉东新区茂林镇鹿峰村，规划用地面积为500亩。项目主要建设大面积开阔荷花水面景观区，配套建设餐饮、休闲、娱乐等设施，将成为夏季赏荷、冬季食藕的"荷"主题景点。该项目是以荷花观赏与培育为主的农业旅游景点，分为综合服务区、荷花观赏区、荷花培育加工区三大板块。

综合服务区打造以荷花文化为主题的生态休闲场所，主要设置有芳香会所、养生食府、荷文化展示馆等具有"色香味"的"荷"项目；荷花观赏区以荷塘木栈道的形式，串联各个不同主题的特色荷塘，形成变化丰富而又富有趣味的观赏游玩场所；荷花培育加工区以培育荷花和加工相关产品为主，设置有育苗园圃、产品示范加工作坊等。

（6）圆之源景区

桂圆（又名龙眼）是玉林栽培的一大特色水果，距今已有2000多年历史。"五彩田园"圆之源项目位于玉东新区茂林镇鹿峰村，规划用地为1200亩，现为岭南佳果桂圆林。

规划建设木制栈道、休闲茶室、户外活动等方面的生态型服务设施，宣扬桂圆的历史文化和渊源，并以原有生态环境为依托，利用林下土地资源和林荫优势，从事林下种植铁皮石斛、金线莲等立体复合生产经营，实现资源共享、优势互补、协调发展的生态农业模式。

（7）樱花种植示范基地

樱花种植示范基地项目规划用地面积为230亩。项目主要建设樱花大道、自行车道、观光步行道、樱花广场、唐苑、园林景观等。目前已种植"中国红""广州樱"等不同品种的樱花 2000 多株。

（8）百花园景区

百花园位于茂林社区，西邻规划园区次干路和田园休闲主题绿道，北邻城市规划道路，用地面积为 400 亩。百花园以花卉品种展示为基础，科技示范为支撑，以"花"文化挖掘策划为纽带，主要种植多种适合岭南气候特征的花卉作物，配套建设摄影基地、特色农家乐等设施。

（9）花卉产业园

花卉产业园位于玉林市玉东新区茂林镇陂石社区，规划面积为 2000 亩，分为交易市场和花卉基地两部分，是试验区五项建设内容的重要组成部分和 48 个标准化生产基地之一。

花卉基地将种植、展览、展销融为一体，形成"基地 + 市场 + 旅游观光"的新模式，打造成为广西最有影响的花卉基地。

（10）农产品深加工产业园

本项目包括无土栽培车间、果菜分拣包装、中草药干燥粉碎萃取、农产品深加工、冷藏仓储等内容，主要培植现代农业优势特色产业。以实施农产品精深加工示范区建设为突破口，推进绿色高效生态农业产业化的发展，创新、名、特、优深加工品牌农产品，有效增加农产品外销总量，提高农产品生产加工附加值，全面带动农业增效、农民增收、财政增长。同时，通过谷物、蔬菜、水果、坚果、花卉、茶叶等特色农产品深加工，发展加工型农业龙头企业。

（11）岭南小镇景区

"五彩田园"岭南小镇位于玉东新区茂林镇新寨社区，社区行政区域面积约为 $7km^2$，东与北流接壤，毗邻玉北大道及规划中的玉林三环路，距离玉林市中心约 10km，交通便利。该社区拥有广西独特的喀斯特地貌，秀峰、溶洞、丽水，描绘出浓郁的岭南山水风情。

岭南小镇建设项目以生态、健康、乡土为特色，依托穿镜山和穿镜湖，在新寨社区东侧建设占地约 500 亩的生态小镇，设置农民非遗中心和农民艺术群落、乡土文化部落，打造"五彩田园"印象园，让人们感受乡村生活的美好、惬意和多姿多彩。

（四）河北易县于家庄村片区中国农业公园

园区位于狼牙山脚下、龙门湖畔，丘陵与山地交错，涉及远台、林泉、港里、西山北、于家庄、塔峪、娄山、松山、石家统、沙岭等 10 个行政村，人口有 15600 人，总面积 55km²。项目建设内容主要包括生态乡村景观、万亩花海、农村文化展示、现代休闲农业和历史文物保护等。目前，园区已建成了牡丹园、玫瑰园、油菜园、百花园、水上世界和石家统幸福村庄、松山田园主题馆、大峪农村博物馆等多个项目，成为华北知名的生态农业旅游休闲度假示范区。

1. 田园美丽

这里占尽丘陵与山地的先机，依山傍势，被勤劳的人们开垦出层层梯田。登山远眺，绿波荡漾，让人心旷神怡。这里是易县著名的果品之乡，山坡上种的是苹果、李子、桃、杏，得益于现代果品种植方式的改变，这里生产的果品口味纯正、酸甜适中，人们一年四季都能吃到新鲜水果。还有那挂满枝头的磨盘柿，就像一盏盏醉人的灯笼，和火红的霜叶相伴，成为这里秋季的一道靓丽风景，易县因此被誉为"中国磨盘柿之乡"。这里是著名的红色教育基地，巍峨的狼牙山是太行的魂魄，风走过的地方都留下了五勇士的故事。四面八方的人们纷至沓来，在感受狼牙竞秀的同时，带来对五勇士的深切缅怀。这里是花的海洋，牡丹、玫瑰、油菜、向日葵等把这里装扮成花的世界、花的海洋，人们徜徉其间，无不为"花仙子"折服。在赏花的同时，人们还能体会亲手加工花产品的乐趣，美哉、乐哉。

2. 地貌秀美

园区三面环山、一面临水，地处盆地中央，其中不乏起伏的丘陵，就像一个孩子躺在妈妈的怀抱中。西部的狼牙山属太行山脉，主峰海拔 1105m，是这一带海拔最高的山峰，"狼山竞秀"被列为古燕十景和上谷八景之一。园区北部和东部是连绵起伏的群山，棋盘坨、蚕姑坨、红玛瑙溶洞、南天门、孔山星月自古以来为游人所青睐，南部龙门水库如明珠一般，给园区增添了许多灵气。

3. 水系丰富

园区地处海河流域大清河水系，漕河由西向东贯穿整个园区，南易水发源于狼牙山东麓，给沿岸居民生产生活提供了不竭水源。特别是位于漕河干流上的龙门水库，是一座以防洪为主结合灌溉等综合利用的大水利枢纽工程，工程等级为 II 级。龙门水库由河北省保定专区水利局设计，始建于 1958 年 2 月，总库容为 1.18 亿 m^3，控制流域面积为 $470km^2$，下游设计灌溉面积为 11.5 万亩，实际灌溉面积为 6.4 万亩，年供水量为 937 万 m^3/ 年，为园区建设提供了丰富的水源。

4. 民居和谐

近年来，园区各村内的街道和所有村民房前屋后的小街、小巷路面进行了硬化，安装了路灯，并将村里所有排水沟都铺设在路面以下，彻底解决了污水漫流现象。为搞好环境绿化、增强景观效果，村内道路两侧栽植了各类绿化苗木；村里集中给群众规划设置了柴草堆放场所，成立了保洁环卫队，沿街设立了垃圾箱，村内垃圾每天集中清运，街面天天有人清扫，环境综合整治让村容村貌发生了翻天覆地的变化；勤劳的人们充分发挥资源优势，大力发展了林果种植、畜禽养殖和休闲旅游等增收产业，原来的农民变成了现在收租金、拿薪金、分股金的现代农业产业工人，经济发展，生活富裕起来，绿树掩映中的一栋栋新房就是最好的诠释；为满足群众日益增长的文化生活需求，各村通过建设群众文化载体组织开展群众性文化活动和完善村规民约等途径，丰富农民的业余文化生活，着力引导农民破除陈规陋习，移风易俗，逐渐养成科学文明、健康向上的良好生活习惯。村民活动广场、棋牌室、图书室等，可满足不同层次群众的各种精神需求。为让村文化活动"动"起来，每个村购买了大鼓、秧歌服装、音响器材和健身器材等设施，农闲时节组织群众开展自娱自乐活动，举办舞蹈、太极拳等培训班，有的村还参加全县表演比赛，取得了较好的名次。

（五）四川广元曾家山中国农业公园

曾家山中国农业公园涵盖曾家镇、平溪乡、李家乡等乡镇。曾家山是先秦白羊栈道上的璀璨明珠，是西秦与巴蜀文化的交融之地，平均海拔1400m以上，自然条件独特，山区立体气候明显，夏迟秋早，冷凉湿润，年均气温为12℃，夏季平均气温为23℃，四季分明，素有"中国西部养生基地""溶洞王国""石林洞乡""天然氧吧"之美誉，是"春踏青、夏避暑、秋观叶、冬赏雪"的旅游胜地。曾家山创建中国农业公园将对山区建设农业公园具有积极的探索意义。

1. 平溪乡

（1）大竹村

大竹村有广元金田农业科技有限公司；平溪现代农业（蔬菜）园区（以高山露地绿色蔬菜种植、观光、农耕体验、应急育苗为一体的综合现代农业园区）；蔬菜广场；冷链物流体系（日可预冷处理蔬菜500t）；严大姐蔬菜专业合作社；曾家山现代农业（土鸡）园区。

（2）毛坝村

毛坝村是一个具有"东方小瑞士"之称的新农村综合体，提供以生态健康养生为主的瓜果采摘、农事体验。

2. 曾家镇

（1）太平村

曾家山国际滑雪场：是冬滑雪、夏滑草的好去处，开设有滑雪道（3条）、汽车旅馆、木屋别墅，有越野汽车、丛林穿越、攀岩等多个娱乐项目。

吊滩河：是世界上最短的内陆河流，全长5km，河流随峰而九折（有33个险滩），最后跌入巨大的落水洞而重归暗河。吊滩河是古米仓道至利州的白羊栈道的必经之路，路边现有古栈道遗址、清嘉庆七年维修路碑、清代摩崖造像等（未开发）。

（2）山峰村

山峰村有产村一体示范园。

（3）响水村

响水寨度假区：是一家集生态旅游、亲子休闲、农业观光、户外运动为一体的大型度假村，占地广，植被茂密，全木结构，设施齐全，有自然质朴的风格。

川洞庵景区：有"世界第一大天坑"（在海拔1400m的石灰岩溶洞群区内）；山上旧有"川主庙"，故得名。主洞高50m，分三层：第一层是石灰岩塌陷而成的天窗，面积约为100m²；第二层为平台，面积约为3000m²；第三层为平台中央塌陷形成的椭圆形池子，面积约为40m²，深约为10m。天窗上流水滴下，散为水雾，阳光照射，彩虹缤纷，玉珠落盘。第三层池子终年潮湿，雨期积水2～3m，冷暖气流在坑内交融而成氤氲之气。

赵家大院：全木结构古木屋，上下三层，有吊脚楼、扶梯等，工艺精湛。

（4）石鹰村

石笋坪景区：有10余座石笋峰矗立入云，其中石鹰峰高为50m，双峰，峰顶一石状似老鹰，故名。石笋峰后山之峭壁奇形怪状，颇为壮观，四周植被较好。

古建筑群落：有川北特色的民居30余栋，是中国传统村落保护单位。

（5）中柏村

汉王洞：位于先秦白羊古道上，相传汉王刘邦的兵书宝剑藏在洞内，因此而得名。汉王洞洞门开阔，高、宽均逾百米，洞中套洞，幻如迷宫，洞有多深至今无人知晓。洞内有钟乳石、暗河、地下湖泊等溶洞景观（未开发）。

3. 麻柳乡复兴村

麻柳峡：是进出朝天区的"南大门"。麻柳峡是条风光秀美的峡谷，长达2km，群山绵亘，峡谷幽深，处处都是美丽的风景。山、水、洞、路、集险、秀、奇、难于一峡，堪称鬼斧神工。

4. 汪家乡

蓝莓园：是川北首个高山露地蓝莓种植园区。园区实行封闭式管理，不施化肥、不打农药、不打除草剂，人们采用人工栽种、手工除草等传统方式劳作，果实品相圆润、品质纯正、味道鲜美。

5. 李家乡

（1）新建村

新建村可建设川北民居建筑群和陶园农场。

陶园农场：农场以"土地为资本、农民为股民，下有铆底、上不封顶，利益同享、风险共担"为利益联结机制。按照"林下养鸡—鸡粪种菜—脚菜喂鸡"的立体循环农业模式，建成"蔬菜基地、养殖场配套农家乐，农家乐支持蔬菜基地、养殖场"的"三位一体"发展格局。

（2）永乐村

永乐村可建设姚家大院农家乐和川北民居建筑群。

（3）曾家森林经营所

可建设汽车露营基地、自行车中转站。

（4）青林村

青林村可建设青林现代农业示范园区和农家乐。

6. 小安乡

（1）得胜村

风垭子：可建设观景平台，俯瞰中子工业园区；还可建设露营基地。

（2）小安村

大安寺：大安寺是省级文物保护单位，寺内原有泥塑大佛3尊、泥塑天王4尊，均高128寸（4.27m），铁铸罗汉18尊、阎君10位、倒坐观音1尊、韦佗1尊，均高6尺（2m）。另有铁香炉4座、万斤鸣钟1口、小报钟2口、云枝1件、铜观音1尊（重60kg）、印度寸金佛像1尊，其余佛像为木雕或石雕，寺内大小造像共308尊，《大乘经书》与《表》计

1000 余卷。

（六）海南儋州那大镇中国农业公园

儋州市那大镇力乍村位于儋州市城区以北 5km，毗邻国营西联农场，是一个具有 100 多年历史的客家村落。村庄总体规划为农家休闲旅游生态园，分为庭院居民区、竹林休闲娱乐区、粽子作坊区、竹林餐饮区、休闲垂钓区、农家咖啡吧区及竹林多功能会议室等 7 个区域，是一个集居住、休闲、娱乐、美食于一体的农家生态旅游村庄。2014 年被授予"全国宜居示范村庄"和"海南省小康环保示范村"等荣誉称号。

力乍村现有农户 109 户，人口 610 人，年人均收入 1.13 万元。传统经济以橡胶、水稻、甘蔗、蔬菜、灵芝、粽叶等为主。近年来，在市委、市政府的大力支持下，力乍村着力创建美丽乡村，发展了农家乐、家庭旅馆、农家休闲咖啡吧和粽子等休闲旅游产业链。力乍村的脱脂保健大米已成为时尚的保健食品，深受广大女性同胞的喜爱；该村的洛基粽子作为海南西部十大"地方特色小吃"之一，享誉岛内外，每年端午节远销海内外。力乍村客家菜素有"无鸡不清，无肉不鲜，无鸭不香，无肘不浓"的说法，特别是"绿荷包饭""客家擂茶""黄皮鸡""客家酿豆腐"等客家名菜深受广大游客喜爱。

力乍村的建筑风格基本保持了客家人的传统习俗，每家每户都有独立的院落，建有客家传统风情文化"天人合一"的入户门楼，整个村实现了道路硬化、环境绿化、庭院美化、村庄亮化，宽带网络、城市公交、邮政储蓄点、货运物流站、自来水管网等城市标准配套服务设施一应俱全。村民无论老少都保持着客家人能歌善舞的本色，原汁原味的客家风情歌舞源远流长，每天都有村民自发参与，自编自演、自娱自乐。同时村民还自发成立了青年志愿者服务队、法制宣传队、文艺表演队，为客家传统文化的传承奠定了坚实的基础。

第 二 章

台山中国农业公园申报

第一节 申报概况

2015 年 9 月 5 日，中国村社发展促进会正式授予台山为中国农业公园创建单位。公园范围覆盖都斛、斗山、赤溪、广海、端芬五镇，总面积为 800km²，耕地总面积为 22 万亩，滩涂面积为 13 万亩，人口为 24 万人，旅外华侨为 38 万人，目标是打造广东省第一个中国农业公园。目前，该公园的 3 个起步项目——都斛"禾海稻浪"水稻田文化主题园、斗山浮月村乡村游项目、海口埠"广府人出洋第一港"主题公园，已完成首期工程建设。2017 年 12 月，中国村社发展促进会验收，确认台山为中国农业公园单位，成为广东省首个中国农业公园。

一、项目概况

项目申报单位：广东省台山市人民政府。

项目建设单位：台山百峰农业旅游有限公司。

项目负责人：邝俊杰，职务为台山市委常委、宣传部长。

项目联系人：伍国尧，职务为百峰传媒常务副总经理。

项目建设地址：广东省台山市都斛镇、斗山镇、赤溪镇、广海镇、端芬镇。

二、台山概况

（一）自然条件

1. 气候条件

台山市夏季盛南风，冬季盛北风，受海洋气候影响显著，夏季不酷热，冬季不严寒，气候温和，雨量充沛，日照充足，热量丰富。年平均气温为 22.3℃，最热月（7 月）平均气温为 28.4℃，最冷月（1 月）平均气温为 14.2℃。年均降雨量为 2007.7mm，沿海地区为 2200mm，年均暴雨日有 10 天。

2. 土地资源条件

台山市土地总面积为 328630.05hm²，其中耕地为 57023.34 hm²，园地为 10704.13hm²，林地为 164339.23hm²，草地为 2456.51hm²，城镇村及工矿用地为 17132.82hm²，交通运输用地为 5058.14hm²，水域及水利设施用地为 66021.56hm²，其他土地为 5894.32hm²。此外，归属园地、草地、林地等地类中共有 15127.41hm² 土地，按规定可以调整为耕地。项目区现状土地资源条件如图 2-1 至图 2-5 所示。

图 2-1　康洞森林公园

图 2-2　斗山农用地

图 2-3　花卉苗木基地

图 2-4　鱼虾养殖滩涂

图 2-5 湿地资源

3. 水资源条件

台山市台风多，降雨充沛，水资源丰富，多年平均降雨量为 2122mm，比全省多年平均降雨量高 351mm；多年平均降水总量为 67.20 亿 m³，占全省的 2.14%。水资源总量以河川径流量为主，台山市多年平均水资源总量为 41.60 亿 m³，占全省的 2.27%。人均水资源量为 4389m³，比全省人均水资源量高 2289m³。2015 年年末，全市有水库 200 个，总库容为 8.90 亿 m³，兴利库容为 5.58 亿 m³，是工农业生产的主要水源。台山市地下水主要为河川基流，多年平均地下水资源量为 7.66 亿 m³。台山市地热水丰富，已查明有三合温泉、白沙朗南温泉、都斛东洲温泉和莘村温泉、汝村神灶温泉。总流量全市地质 D 级储量为 6069.80m³/d，年储量为 264.75 万 m³，水温最低为 52℃，最高为 87℃。项目区水资源现状如图 2-6 至如图 2-9 所示。

图2-6　水源保护地

图2-7　南坑水库

图2-8　康洞水库

图2-9　温泉资源

4. 海洋资源条件

台山市位于珠江三角洲西南部，南临南海，距香港87海里，距澳门48海里，向南距国际主航道12海里。根据《台山市海洋功能区划（2013—2020年）》和《江门市海岛保护规划》的统计，台山领海基线以内海域面积约为2717km²，沿海海岸线长约为306km，岛岸线长约391km，大小岛屿为557个，其中无居民海岛为552个，有居民海岛为5个。面积大于500m²的岛屿有126个，海岛总面积约为248km²，上川岛面积为137.15km²，为广东省第二大岛；下川岛面积为81.07km²，为广东省第六大岛。海（港）湾有119个，三大渔港分别为沙堤渔港、横山渔港和广海渔港（图 2-10），沿海 30 多千米长的深水岸段中有上川围夹、下川王府洲万吨级以上的优良港池。大襟岛周围海域是广东省中华白海豚自然保护区。

图 2-10　广海渔港

台山市海洋生物种类繁多，主要经济鱼、虾、蟹、贝类达 100 多种。海水养殖资源丰富，20m 等深浅海面积为 21 万 hm²，滩涂面积为 1.3 万 hm²。有滨海砂矿资源、旅游资源和潮汐能、波浪能、风能等海洋再生资源。

（二）区位条件

台山市位于广东省珠江三角洲西南部，东经 112° 18′ ～ 113° 03′，北纬 21° 34′ ～ 22° 27′。它南濒南海，北靠潭江，东北与新会区相连，西北与开平市为邻，西南与恩平、阳江两市毗邻，东南面的大襟岛隔海与珠海市相望。台山市交通顺畅便捷，公路四通八达，通车里程达 2745.45km。市内拥有高速公路 139.87km，全市已基本实现"一小时生活圈"。其中纵向南北的新台高速公路，往广州只需 1h10min 的车程，贯通东西的沿海高速公路，到珠海市区仅用 1h20min 的车程。北部潭江有直航我国香港、澳门的客货运口岸公益港，南部有即将建成通航的万吨级国家一类口岸——鱼塘港。

（三）人口、社会、经济条件

人口：2015 年年末，全市总户数为 28.17 万户，比上年减少 26234 户，减少 0.93%。户籍人口为 96.83 万，其中男性为 49.21 万人，女性为 47.62 万人。

社会：2015 年年末，台山市辖台城街道和大江、水步、四九、白沙、三合、冲蒌、斗山、都斛、赤溪、端芬、广海、海宴、汉村、深井、北陡、川岛 16 个镇及海宴华侨农场。全市有村民委员会 277 个，居民委员会 36 个。

经济：2016 年，台山市全年实现生产总值 353.7 亿元，同比增长 7.6%；规模以上工业增加值 157.4 亿元，增长 8.1%；固定资产投资总额为 222.1 亿元，增长 7.1%；一般公共预算收入为 24.3 亿元，增长 1.4%。2016 年城镇非私营单位就业人员平均工资为 60226 元，同比名义增长 12.9%，扣除物价因素实际增长 10.5%。全市常住居民人均可支配收入为 18352 元，比上年增长 8.9%，其中：农村常住居民人均可支配收入为 14808 元，比上年增长 8.8%；城镇常住居民人均可支配收入为 22846 元，比上年增长 9.0%。城镇居民人均住房面积为 40.96m^2，比上年增长 3.07%。

三、项目建设单位概况

台山百峰农业旅游有限公司注册于 2016 年 2 月，注册资金为人民币 1000 万元，位于台山市台城双亭街 18 号五楼，是台山文化旅游集团有限公司辖下一家大型综合文旅公司。

台山百峰农业旅游有限公司的主要业务包括：投资农业、渔业；旅游景区的投资、开发建设、管理；公共基础设施建设投资；房地产开发；旅游产品的开发、设计；广告设计、制作、发布；餐饮管理；酒店管理；提供停车场服务；商业信息咨询服务；旅游项目设计咨询、营销活动策划等。

第二节　创建意义

台山中国农业公园整体规划以侨乡文化为特色，现代农业为支撑，休闲农业和乡村旅游为主导：从产业、旅游、文化等方面贯彻侨乡特色；对项目区的农业产业进行改造升级，对侨乡文化进行深层次的演绎，创建农产品供应基地、子公园群，解决地域发展需求，使园区建设的整体品质得到提升。

台山中国农业公园的创建以习近平同志提出的"绿水青山就是金山银山"的发展理念作为总的指导思想，努力将台山中国农业公园打造成高端农旅综合体，壮大台山农业强市地位，示范引领区域现代农业发展，同时推动全域旅游，协同发展。

台山中国农业公园的创建能够更快更直接地促进乡村文化遗产、农业文化遗产保护，促进乡村旅游、农业旅游朝着更科学、更优化的形态发展，配合国家以发展乡村旅游拉动内需发展的战略，推动联合国粮农组织"关于保护全球重要农业文化遗产"项目（即世界农业遗产项目）工作的开展。

第三节　申报流程及相关材料

一、申报流程

CCRD中国农业公园是一种新型的公园形态，最早于2004年提出，由中国村社发展促进会特色村工作委员会与世界遗产研究院、世界文化地理研究院、亚太农村社区发展促进会、亚太环境保护协会等国际组织及中国农村社区发展研究院合作组成了CCRD中国农业公园发展研究课题组，在中国村社发展促进会会员村社范围内，结合乡村文化遗产自我保护，对"乡村旅游综合体"自我构建问题，特别是农业公园的创建条件、实施主体、评价指标、推荐流程、考鉴方法、品牌统一、管理监督、规划优化、整体营销等问题进行了深入研究,在此基础上,2009 年形成《CCRD 中国农业公园创建指标体系》并在中国村社发展促进会会员村社试行应用,在全国范围内推行。

（一）申报范围

全国范围内的村庄、社区、乡镇,与新农村建设、农业产业化相结合的乡村旅游景区。

（二）申报条件

（1）与乡村、农业文化相关的风景、风物、风俗、风情具有吸引广大旅游休闲者的资源禀赋与基本素质。

（2）产业结构中必须有农业产业（包括农、林、牧、渔）作为重要方面。

（3）有对乡村实施绿色文明和可持续发展的基本要求与考量。

（4）以村域范围为主体来规划布局和开发建设。

（5）尽力保留原农户、农民的人居原生态,农民生活情景应活化与融化在农业公园游览体系中。

（6）有相对完善的管理机构。

（三）申报程序与评定办法

（1）申报单位自愿报名,填写国家农业公园申报表格,申报材料以报告的形式整理,并采用文字与图片的合理搭配方式,装订成册,以便专家评审。

（2）县区旅游和农业部门根据申报单位上报的材料,联合进行初审,并在申报表格中填写推荐意见,形成推荐报告,分别报送市旅游和农业部门。每个县区限推荐 1 个单位。

（3）市旅游和农业部门根据申报单位上报的材料和县区旅游、农业部门的推荐意见,组织有关专家进行实地调查与调研,综合确定评定结果。根据评定结果确定国家农业公园试点地点。对评定确定的候选地点按照

《国家农业公园申报评价体系》进行指导完善，并上报省委农工办、省旅游局争取相关政策扶持，同时上报中国村社发展促进会申请中国农业公园创建单位资格的认定。

二、相关材料的准备

中国农业公园申报需要依据评定材料的要求，提交 CCRD 中国农业公园创建评价体系表，以及申报材料、创建单位申报表和中国农业公园申报表，其内容和相关要求如下。

（一）CCRD 中国农业公园创建评价体系表

CCRD 中国农业公园创建评价体系表见表 2-1。

表 2-1　CCRD 中国农业公园创建评价体系表

序号	一级指标	二级指标	得分	权重
1	乡村风景美丽指数	（1）田园美景	3分	10分
		（2）地貌美景	2分	
		（3）水系美景	2分	
		（4）社区美景	3分	
2	农耕文化浓郁指数	（1）传统农耕文化	3分	7分
		（2）现代农耕文化	4分	
3	民俗风情独特指数	（1）饮食文化特色	1分	12分
		（2）生产习俗特色	1分	
		（3）生活习惯特色	1分	
		（4）节令节庆特色	1分	
		（5）民间工艺特色	1分	
		（6）村规民约特色	1分	
		（7）建筑人居特色	2分	
		（8）外界口碑评价	4分	

续表

序号	一级指标	二级指标	得分	权重
4	历史遗产传承指数	（1）乡村遗产保护传承机制	2.5分	10分
		（2）乡村遗产保护传承措施	2.5分	
		（3）乡村遗产保护传承效果	2.5分	
		（4）乡村遗产保护传承荣誉	2.5分	
5	产业结构发展指数	（1）耕地与农林用地保护状况	4分	8分
		（2）农业产业及内部产业结构和谐发展状况	4分	
6	生态环境优化指数	（1）社区生态环境	4分	10分
		（2）产业区生态环境	3分	
		（3）旅游服务提供区生态环境	3分	
7	村域经济主体指数	（1）村域经济组织形式	2分	8分
		（2）村域经济产业结构	2分	
		（3）村域经济管理模式	2分	
		（4）村域经济发展总量	2分	
8	村民生活展现指数	（1）村民人均住房面积	2分	7分
		（2）村民就业率	1分	
		（3）村民人均收入	2分	
		（4）村民子女入学率	2分	
9	服务设施配置指数	（1）道桥游线设施	1分	10分
		（2）下榻接待设施	1分	
		（3）餐饮服务设施	1分	
		（4）娱乐休闲设施	2分	
		（5）购物消费设施	1分	
		（6）管理与导游设施	1分	
		（7）出行运载设施	1分	
		（8）通信视信设施	1分	
		（9）康疗救护设施	1分	

续表

序号	一级指标	二级指标	得分	权重
10	品牌形象塑造指数	（1）品牌鲜明性	2分	8分
		（2）品牌特色性	1分	
		（3）品牌传播力	4分	
		（4）品牌美誉力	1分	
10+1	特别附加指数：规划设计协调指数	（1）项目创意策划	3分	10分
		（2）项目概念定位	1分	
		（3）项目规划设计	2分	
		（4）项目环境评价	1分	
		（5）项目经营规章	1分	
		（6）项目质量规范	1分	
		（7）项目绿色规划	1分	

（10+1 项指标，共计 100 分）

（二）申报材料

申报材料需包含以下内容。

（1）创建中国农业公园活动方案（创建步骤、过程、成员班子、目标等）。

（2）依照农业公园创建评价体系（11 个一级指标、51 个分类二级指标），详细介绍申报单位现状。

① 申报单位村容村貌（厂容厂貌）介绍。如田园、地貌、水系、居住环境等基本情况介绍，并配以相关图片，同时，介绍地域面积、特征、人口结构等。

② 现代与传统农耕文化的传承与发扬、保留与比较情况介绍，附相关图片。

③ 当地民风民俗介绍，如独特的饮食文化、传统的生产习俗、个性的民间工艺、特色的人居建筑等，具体参照民俗风情独特指数的二级指标（8 项）来分项介绍，附相关图片。

④ 申报单位遗产保护传承的机制、措施、效果，以及所取得的荣誉；荣誉奖牌可附图片。

⑤ 申报单位生态环境情况介绍，绿化比率等相关介绍，附相关图片。

⑥ 产业结构发展状况，各产业的构成及产业间的联系和比例关系。

⑦ 申报单位土地使用现状及所属企业经营状况，以及各企业经济组织形式、工农业总产值、上缴利税等。

⑧ 申报单位村民福利与保障。如人均住房面积、就业率、人均收入、子女入学率、医保、养老等情况介绍。

⑨ 申报单位公共事业配套情况介绍，如道桥游线设计、酒店接待服务等，按照第9项的服务设施配置指数的二级指标（9项）来分项介绍，可附酒店、购物场所、卫生服务站、出行设施等图片。

⑩ 申报单位所有获得的荣誉名称及扫描件。

⑪ 申报单位在"十二五"期间的规划材料。

（3）申报材料以报告的形式整理，也可以分别提交单项资料，上报方式采用文字与图片的合理搭配方式，制成PPT文件或者装订成册。

（4）创建文件夹存放相关图片，图片要求像素尽量高，不小于1.5MB，每张图片的名称说明图片内容。

（5）图解附后。

（三）创建单位申报表

中国农业公园创建单位申报表见表2-2。

表2-2 中国农业公园创建单位申报表

申报时间： 年 月 日

单 位	＿＿＿省（自治区、市）＿＿＿县（市、区）＿＿＿乡（镇）＿＿＿村		
负责人		身份证号	
职 务		办公电话	
手 机		电子邮箱	

续表

联系人		手 机	
职 务		办公电话	
电子邮箱		腾讯QQ	
（邮编）地址			
网 址			
单位简介（突出优势）	"详细情况介绍和创建活动方案"附后		
自荐或相关部门推荐意见			单位（盖章） 年 月 日
审批意见			年 月 日

注：请将表格提交到中国村社发展促进会农业公园专业委员会办公室。

（四）中国农业公园申报表

中国农业公园申报表见表2-3。

表2-3 中国农业公园申报表

申报时间： 年 月 日

单 位	＿＿＿省（自治区、市）＿＿＿县（市、区）＿＿＿乡（镇）＿＿＿村		
负责人		身份证号	
职 务		办公电话	
手 机		电子邮箱	
联系人		手 机	
职 务		办公电话	

续表

电子邮箱		腾讯 QQ	
（邮编）地址			
网　址			
创建工作 完成情况概述	（中国农业公园申报材料附后）		
创建期间 获奖情况			
审批意见		年　月　日	

注：请将表格提交到中国村社发展促进会农业公园专业委员会办公室。

第 三 章

规划概述

第一节 规划背景

2015 年 9 月 5 日，中国村社发展促进会正式授予台山为中国农业公园创建单位，并在台山设立中国农业公园发展研究课题组研究基地，江门市委市政府、台山市委市政府对此高度重视，提出要用两年的时间，完成打造广东第一个中国农业公园的目标。

台山中国农业公园是中国乡村休闲和农业观光的升级版，是农业旅游的高端形态。它以原住民生活村庄为核心，涵盖园林化的乡村景观、生态化的郊野田园、景观化的农耕文化、产业化的组织形式、现代化的农业生产，是一个更能体现和谐发展模式、浪漫主义色彩、简约生活理念、返璞归真追求的现代农业园林景观与休闲、度假、游乐、休憩、学习的规模化乡村旅游综合体。

第二节 任务解读

一、含义

台山中国农业公园的含义："中国"是指项目区的层级、水平要高；"农业"指的是项目区要以现代农业、休闲农业为基础；"公园"指的是项目区要发展休闲、观光、体验功能。总体而言，台山中国农业公园要依托于台山资源文化特色，构建高标准、高起点、高定位的以农业发展为基础，文化、旅游休闲为重点，农旅互促，一、二、三产业深度融合的综合性园区；利用农村广阔的田野，以绿色村庄为基础，融入低碳、环保、循环可持续的发展理念，将农作物种植与农耕文化相结合的一种生态休闲和乡土文化旅游模式。

二、核心诉求

大力发展岭南特色农业，使休闲旅游优势更加突出，合理保护、利用生态环境，大力提升经济社会效益，显著提升台山形象。

三、愿景

将台山打造成为一个突出台山特色农业优势和资源优势，三产融合，能够起到现代农业示范带头作用的地方；一个农旅相得益彰，担负得起珠三角后花园和港澳农产超市的地方；一个寄情于景，山水融合，侨乡文化底蕴传承演绎的地方。

第三节 项目概况

一、项目名称

项目名称为"广东省江门市台山中国农业公园总体概念规划（2016—2025）"。

二、位置及范围

项目区位于广东省江门台山市东南部，包含都斛、斗山、赤溪、广海、端芬共 5 个镇 74 个村，总面积约为 800km²。

三、规划期限

近期：2016—2018 年。
中期：2019—2020 年。
远期：2021—2025 年。

第四节　规划依据

一、政策依据

（1）《决胜全面建成小康社会　夺取新时代中国特色社会主义伟大胜利》（2017 年党的十九大报告）。

（2）《中共中央、国务院关于深入推进农业供给侧结构性改革加快培育农业农村发展新动能的若干意见》（2017 年 1 号文件）。

（3）《关于落实发展新理念加快农业现代化实现全面小康目标的若干意见》（2016 年 1 号文件）。

（4）《国务院办公厅关于推进农村一二三产业融合发展的指导意见》（2016 年 1 月）。

（5）《中共中央关于制定国民经济和社会发展第十三个五年规划的建议》。

（6）《推动共建丝绸之路经济带和 21 世纪海上丝绸之路的愿景与行动》。

（7）《国务院关于深化泛珠三角区域合作的指导意见》。

（8）《泛珠三角区域深化合作共同宣言（2015 年—2025 年）》。

（9）《推进珠三角一体化 2014—2015 年工作要点》。

（10）《台山市加快建设现代农业强市工作纲要（2016—2020）》。

二、规划依据

（1）《江门市城市总体规划（2011—2020）》。

（2）《广东江门大广海湾经济区发展总体规划（2013—2030）》。

（3）《江门市生态市建设规划纲要（2006—2020）》。

（4）《台山市城市总体规划（2014—2030）》。

（5）《台山市城镇体系 2000—2020 年规划》。

（6）《台山市综合交通规划（2012—2020）》。

（7）《台山市旅游发展总体规划（2015—2030）》。

（8）《台山市旅游服务业发展"十三五"规划》。

（9）《台山市台城城区生活饮用水水源保护区调整可行性研究报告》。

（10）《台山市镇级生活饮用水源保护区划分方案可行性研究报告》。

（11）都斛、斗山、广海、端芬、赤溪五个乡镇的城市总体规划和土地利用总体规划。

第五节　案例分析

中国农业公园是以农业为基底，结合当地特色资源，融入科技示范、旅游等功能，整体打造集农业、旅游、乡村、文化、基础设施、公共服务、生态环境于一体的综合型园区。与其他农业公园相比，台山面积广阔、文化独特、资源丰富，如何融入自身特色，结合农业、乡村、旅游的发展，打造具有台山标志的中国农业公园，是本次规划的核心议题。案例分析见表3–1。

表 3–1　案例分析

项目	兰陵国家农业公园	中牟国家农业公园	玉林"五彩田园"中国农业公园	台山中国农业公园
项目位置	山东省兰陵县	河南省中牟县	广西玉林玉东新区	广东台山
面积	约 13km²	约 53 km²	52 km²	800 km²
核心资源	中国蔬菜之乡、山东南菜园、兰花	现代农业	田园风光、生态环境	侨乡文化、水稻种植、温泉等
定位	田园牧歌·如画代村	旅游观光农业样板区、创意农业的先行区、都市型现代农业的试验区	现代特色农业的典范、新型城镇化的典范、农村综合改革的典范、美丽乡村的典范、城乡统筹发展的典范	—

续表

主要内容	现代农业展示 未来农业展示 农耕文化展览 大田农业景观 农业主题展馆 湿地公园	现代农业示范 农业文化创意展示 花卉高新技术展示 果蔬综合展示	打造主题式园区、特色化园区、专业型园区，例如七彩花卉苗木展示、现代农业示范、喀斯特地貌风光、湿地公园、特色种植展示等	—
获得成就	国家 4A 级旅游景区、全国休闲农业与乡村旅游五星级园区、全国休闲农业与乡村旅游示范点、全国十佳休闲农庄	—	国家 4A 级旅游景区、全国休闲农业与乡村旅游五星级园区、全国休闲农业与乡村旅游示范点、全国十佳休闲农庄	—
运营模式	政府 + 企业租赁 + 企业科研单位	政府搭台 + 企业运作	政府 + 企业 + 科研单位 + 农户	—

第 四 章

前期分析

第一节　上位政策及规划

一、中共中央关于制定国民经济和社会发展第十三个五年规划的建议

文件重点指出，大力推进农业现代化。农业是全面建成小康社会、实现现代化的基础；加快转变农业发展方式，发展多种形式适度规模经营，发挥其在现代农业建设中的引领作用；着力构建现代农业产业体系、生产体系、经营体系，提高农业质量效益和竞争力，推动粮经饲统筹、农林牧渔结合、种养加一体、一二三产业融合发展，走产出高效、产品安全、资源节约、环境友好的农业现代化道路；优化农业生产结构和区域布局，推进产业链和价值链建设，开发农业多种功能，提高农业综合效益。

推进农业标准化和信息化。健全从农田到餐桌的农产品质量安全全过程监管体系、现代农业科技创新推广体系、农业社会化服务体系；发展现代种业，提高农业机械化水平；持续增加农业投入，完善农业补贴政策。改革农产品价格形成机制，完善粮食等重要农产品收储制度；加强农产品流通设施和市场建设。

二、2016 年 1 号文件《关于落实发展新理念加快农业现代化实现全面小康目标的若干意见》

文件提出，"十三五"时期推进农村改革发展，以坚持农民主体地位、增进农民福祉作为农村一切工作的出发点和落脚点，用发展新理念破解"三农"新难题，厚植农业农村发展优势，加大创新驱动力度，推进农业供给侧结构性改革，加快转变农业发展方式，保持农业稳定发展和农民持续增收，走产出高效、产品安全、资源节约、环境友好的农业现代化道路，推动新型城镇化与新农村建设双轮驱动、互促共进，让广大农民平等参与现代化进程、共同分享现代化成果。

1. 持续夯实现代农业基础，提高农业质量效益和竞争力

大力推进农业现代化，着力强化物质装备和技术支撑，着力构建现代农业产业体系、生产体系、经营体系，实施藏粮于地、藏粮于技战略，推动粮经饲统筹、农林牧渔结合、种养加一体、一二三产业融合发展，让农业成为充满希望的朝阳产业。

2. 加强资源保护和生态修复，推动农业绿色发展

推动农业可持续发展，确立发展绿色农业就是保护生态的观念，加快形成资源利用高效、生态系统稳定、产地环境良好、产品质量安全的农业发展新格局。

3. 推进农村产业融合，促进农民收入持续较快增长

大力推进农民奔小康，充分发挥农村的独特优势，深度挖掘农业的多种功能，培育壮大农村新产业新业态，推动产业融合发展成为农民增收的重要支撑，让农村成为可以大有作为的广阔天地。大力发展休闲农业和乡村旅游。依托农村绿水青山、田园风光、乡土文化等资源，大力发展休闲度假、旅游观光、养生养老、创意农业、农耕体验、乡村手工艺等，使之成为繁荣农村、富裕农民的新兴支柱产业。

4. 推动城乡协调发展，提高新农村建设水平

加快补齐农业农村短板，坚持工业反哺农业、城市支持农村，促进城乡公共资源均衡配置、城乡要素平等交换，稳步提高城乡基本公共服务均等化水平。

三、《国务院办公厅关于推进农村一二三产业融合发展的指导意见》（2016年1月）

文件提出，推进农业供给侧结构性改革，着力构建农业与二三产业交叉融合的现代产业体系，形成城乡一体化的农村发展新格局，促进农业增效、农民增收和农村繁荣，为国民经济持续健康发展和全面建成小

康社会提供重要支撑。

文件指出，着力推进新型城镇化，将农村产业融合发展与新型城镇化建设有机结合，引导农村二三产业向县城、重点乡镇及产业园区等集中。加快农业结构调整，以农牧结合、农林结合、循环发展为导向，调整优化农业种植养殖结构，加快发展绿色农业。延伸农业产业链，发展农业生产性服务业，鼓励开展代耕代种代收、大田托管、统防统治、烘干储藏等市场化和专业化服务。拓展农业多种功能，加强统筹规划，推进农业与旅游、教育、文化、健康养老等产业深度融合。大力发展农业新型业态，实施"互联网＋现代农业"行动，推进现代信息技术应用于农业生产、经营、管理和服务，鼓励对大田种植、畜禽养殖、渔业生产等进行物联网改造。引导产业集聚发展，加强农村产业融合发展与城乡规划、土地利用总体规划有效衔接，完善县域产业空间布局和功能定位。

到 2020 年，农村产业融合发展总体水平明显提升，产业链条完整、功能多样、业态丰富、利益联结紧密、产城融合更加协调的新格局基本形成，农业竞争力明显提高，农民收入持续增加，农村活力显著增强。

四、国务院关于深化泛珠三角区域合作的指导意见

文件重点提出，发挥广州、深圳在管理创新、科技进步、产业升级、绿色发展等方面的辐射带动和示范作用，携手港澳共同打造粤港澳大湾区，建设世界级城市群；构建以粤港澳大湾区为龙头，以珠江—西江经济带为腹地，带动中南、西南地区发展，辐射东南亚、南亚的重要经济支撑带；促进城市群之间和城市群内部分工协作，着力构建沿江、沿海、沿重要交通干线的经济发展带；形成以大城市为引领，以中小城市为依托，以重要节点城市和小城镇为支撑的新型城镇化和区域经济发展格局，积极推动产城融合和城乡统筹发展；加强城市公共服务质量监测，提升公共服务质量水平，促进区域一体化和良性互动。建立毗邻省区间发展规划衔接机制，推动空间布局协调、时序安排同步。

文件指出，加快转变农业发展方式，推进特色农产品供应基地建设，加强南繁育种、南菜北运、粮食产销合作及农业大数据共享，大力推动供港澳农产品基地建设，合作建设一批高水平现代农业示范区，健全现代渔业产业体系和经营机制，打造生态农业产业带。

文件指出，深化泛珠三角区域合作，对于拓展区域发展空间，促进区域协同发展，进一步提升泛珠三角区域在全国改革发展大局中的地位和作用，具有重要意义。各有关方面要统一思想、密切合作，勇于创新、扎实工作，共同推动泛珠三角区域合作向更高层次、更深领域、更广范围发展。

五、《全国农业可持续发展规划（2015—2030）》

规划中指出，华南区以减量施肥用药、红壤改良、水土流失治理为重点，发展生态农业、特色农业和高效农业，构建优质安全的热带、亚热带农产品生产体系。大力开展专业化统防统治和绿色防控，推进化肥农药减量施用，治理水土流失，加大红壤改良力度，建设生态绿色的热带水果、冬季瓜菜生产基地。恢复林草植被，发展水源涵养林、用材林和经济林，减少地表径流，防止土壤侵蚀；改良山地草场，加快发展地方特色畜禽养殖；加强天然渔业资源养护、水产原种保护和良种培育，扩大增殖放流规模，推广水产健康养殖。到 2020 年，农业资源高效利用，生态农业建设取得实质性进展。

六、推动共建丝绸之路经济带和 21 世纪海上丝绸之路的愿景与行动

共建"一带一路"致力于亚欧非大陆及附近海洋的互联互通，建立和加强沿线各国互联互通伙伴关系，构建全方位、多层次、复合型的互联互通网络，实现沿线各国多元、自主、平衡、可持续的发展。"一带一路"的互联互通项目将推动沿线各国发展战略的对接与耦合，发掘区域内市

场的潜力，促进投资和消费，创造需求和就业，增进沿线各国人民的人文交流与文明互鉴，让各国人民相逢相知、互信互敬，共享和谐、安宁、富裕的生活。

推进"一带一路"建设，中国将充分发挥国内各地区比较优势，实行更加积极主动的开放战略，加强东中西互动合作，全面提升开放型经济水平。

七、《台山市加快建设现代农业强市工作纲要（2016—2020）》

纲要提出，坚持以科学发展观统领农业，用市场化、工业化理念发展农业、用现代物质装备农业、用现代科技改造农业、用现代管理经营农业、用良好环境保障农业、用新型农民从事农业，加快农业发展方式转变，建立现代农业产业体系，增强农业整体竞争力，建设产出高效、产品安全、资源节约、环境友好的现代农业强市，实现农业增效、农民增收、农村繁荣。

纲要指出，加快开平国家现代农业示范区、江门粤台农业合作试验区、江门现代农业综合示范基地等现代农业园区建设。建成台山"广东第一田"优质稻产业基地、开平塘口蔬菜基地、鹤山龙口花卉产业基地、开平禽畜养殖基地、台山鳗鱼养殖基地等220个有影响力的农业产业基地。发展农业科技园区、农业旅游园区、农业生态园区、农产品物流园区等30个主题农业园区。农业园区成为现代农业生产经营要素集聚的主载体。

第二节　市场机遇分析

一、"新海丝"时代背景下，国际贸易合作进一步深化

2015年3月28日，国家发改委、外交部、商务部联合发布《推动共

建丝绸之路经济带和21世纪海上丝绸之路的愿景与行动》,进一步推动"新海丝"沿线国家与地区的贸易往来与投资合作。合作重点集中在以下方面:

（1）保证贸易畅通。着力研究解决投资贸易便利化问题,消除投资和贸易壁垒,构建区域内和各国良好的营商环境,积极同沿线国家和地区共同商建自由贸易区,激发释放合作潜力,做大做好合作"蛋糕"。

（2）创新贸易方式,拓宽贸易领域。创新贸易方式,发展跨境电子商务等新的商业业态。建立健全服务贸易促进体系,巩固和扩大传统贸易,大力发展现代服务贸易。

（3）拓展相互投资领域。开展农林牧渔业、农机及农产品生产加工等领域深度合作,积极推进海水养殖、远洋渔业、水产品加工、海水淡化、海洋生物制药、海洋工程技术、环保产业和海上旅游等领域合作。

（4）利用长三角、珠三角等经济区开放程度高、经济实力强、辐射带动作用大的优势,加快推进自由贸易试验区、海上丝绸之路核心区的建设,进一步深化与港澳台合作,打造粤港澳大湾区。

（5）发挥海外侨胞以及香港、澳门特别行政区独特优势作用,积极参与和助力"一带一路"建设。

在"新海丝"的时代背景下,国家推出了一系列政策和方针,进一步推动了国际贸易合作,也使珠三角地区开放态势进一步凸显,成为外贸通道的有力保障,为台山与"新海丝"沿线国家进行农产品、旅游、现代服务贸易等多层面的对接合作提供了条件。

二、国家农业供给侧结构性改革,创新转变农业发展方式

2016年中央1号文件《关于落实发展新理念加快农业现代化实现全面小康目标的若干意见》提出进一步通过落实"创新、协调、绿色、开放、共享"五大理念,加快推动农业现代化发展,全面实现小康社会的目标。其中对于项目区未来打造中国农业公园,主要有以下几个方面指引:

（1）优化农业生产结构和区域布局，使其形成与市场需求相适应、与资源禀赋相匹配的现代农业生产结构和区域布局。

（2）统筹用好国际国内两个市场、两种资源，完善农业对外开放战略布局。加强与"一带一路"沿线国家和地区及周边国家和地区的农业投资、贸易、科技、动植物检疫合作。

（3）大力推进"互联网+"现代农业，应用物联网、云计算、大数据、移动互联等现代信息技术，推动农业全产业链改造升级。

（4）强化现代农业科技创新推广体系建设，统筹协调各类农业科技资源，建设现代农业产业科技创新中心。

（5）加强粮食等重要农产品仓储物流设施建设，完善跨区域农产品冷链物流体系，推动公益性农产品市场建设。支持农产品营销公共服务平台建设。开展降低农产品物流成本行动。

（6）发展休闲农业和乡村旅游，依托农村绿水青山、田园风光、乡土文化等资源，大力发展休闲度假、旅游观光、养生养老、创意农业、农耕体验、乡村手工艺等，使之成为繁荣农村、富裕农民的新兴支柱产业。同时依据各地具体条件，有规划地开发休闲农庄、乡村酒店、特色民宿、自驾露营、户外运动等乡村休闲度假产品。

推进农业供给侧结构性改革，加快转变农业发展方式，是农业现代化发展、全面实现小康社会的重要路径，在供给侧改革的背景下，台山中国农业公园应创新发展、三产融合，推进互联网+现代农业，强化科技创新示范推广，大力发展休闲农业和乡村旅游，成为广东省现代农业发展的重要旗帜。

三、珠三角一体化进程加快，推动资源的整合开发

《泛珠三角区域深化合作共同宣言（2015年—2025年）》及《推进珠三角一体化2014—2015年工作要点》中明确提出务实推进农业、旅游等重点领域的合作，共同推动资源的整合开发。

（一）推进农业一体化开发

泛珠地区建立稳定的粮食及其他农产品的购销关系，开辟区域农产品"绿色通道"，支持建立农业龙头企业对接机制，加强农业科技开发、特色农业开发，以及农产品生产、加工、销售的合作，促进食品安全体系的建立。

（二）强化旅游整体营销

推出"网上珠三角"，推介珠三角旅游整体形象。加快推出珠江口岸"广府文化、岭南山水"、珠江东岸"都市旅游、滨海度假"、珠江西岸"侨乡文化、海滨温泉"等国际旅游品牌，推动广佛肇、深莞惠、珠中江三个经济圈实现旅游整体营销。

（三）制定省游艇管理办法

以广州、深圳、珠海、中山为试点，推进粤港澳游艇旅游创新合作，加强西江流域旅游资源整合与开发利用。

在珠三角一体化的背景下，台山依托农业基础，有条件成为泛珠地区农产品供应基地；通过旅游整体营销使台山进一步明确自身旅游定位，以农业产业链条整合旅游资源的开发模式，将使临近西江入海口的台山成为农业综合旅游发展率先启动、率先得到政策辐射地区。

四、海陆空交通大格局形成，助推台山发展潜力释放

（一）粤港澳大桥的兴建

粤港澳大桥将加强香港及深圳与珠海及澳门的联系，使整个珠江三角洲区域交通网络最终完成，台山与珠三角东岸联系进一步加强。

（二）西部沿海大通道的构建

西部沿海高速的建设进一步扩大港、澳、珠三角向中国西南部发展

的空间，吸引投资者到珠江三角洲西岸投资。台山成为港澳地区进入粤西及我国大西南的枢纽城市。

（三）台山通用机场（待建）的建设

台山通用机场未来将实现与澳门机场、广州白云机场及珠海机场等的航班联系，缩短时空距离；同时拓展低空飞行服务，配套大广海湾高端商务、滨海旅游等特色项目。

（四）航道开发与港口建设

崖门、广海湾出海航道的开发整治，渔塘港、川岛深水港等港口码头的建设，使台山有望成为泛珠三角内河航运和远洋运输转换的枢纽。

（五）区域快速交通通道的建设

江恩城际轨道支线（待建）、珠海—斗山城际线（待建）、深茂铁路（在建）、中开高速（在建）、鹤台高速（未建）、新台高速（已建）、西部沿海高速（已建）等交通线路的组织建设，将实现内部及周边县市镇的便捷联系。

台山海陆空综合交通运输网络正在形成，台山未来将成为连通珠三角及港澳地区、泛珠及大西南地区的交通枢纽城市，优越的交通条件将给项目区带来广阔的市场前景。

五、珠三角消费结构不断升级，诱发生态效益释放

珠三角（包括港澳）居民生活水平已处于富裕或最富裕阶段，居民食物消费结构处于变化调整时期，对食品质量与品质要求进一步提升，成为拉动绿色食品发展的强劲动力（图4-1）。

根据研究，人均GPD超过4000美元，绿色食品消费需求将增长20%，当前珠三角人均GDP已超过10万元，绿色食品具有广阔市场。

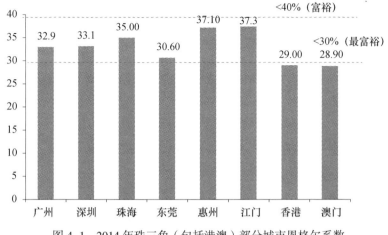

图 4-1 2014 年珠三角（包括港澳）部分城市恩格尔系数

　　珠三角人均消费性支出已达到或已迈过中等偏上门槛，消费结构以享受型消费为主导，更加关注对休闲、娱乐、旅游以及文化消费。根据广东省旅游调查，2014 年旅游收入达到 5017 亿元，接待过夜旅游者 2.74 亿人次。旅游目的地以省内中短途旅游为主，旅游形式不仅仅包括主题观光，还涉及温泉游、海岛海滩游、机动游戏、漂流游等多种形式，旅游形式向高端化方向转变（图 4-2）。

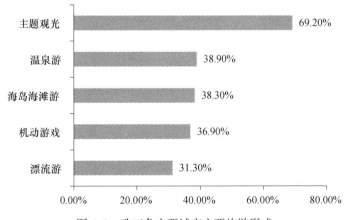

图 4-2 珠三角主要城市主要旅游形式

珠三角综合实力的不断提升必然促使其消费结构加快升级，市场对于绿色农副产品、休闲旅游等相关产品需求在不断增强，农业公园可凭借有利条件，充分发挥农业、生态、文化优势，以高端化、定制化、体验化的形式，重点对接广州、深圳、香港、澳门等大城市的休闲旅游消费需求和农副产品的中高端需求。

六、大广海湾经济区战略升级，凸显台山旅游、服务支撑能力

（一）大广海湾经济区上升为国家重大合作发展平台

2016 年国务院正式印发《关于深化泛珠三角区域合作的指导意见》，在第三十条支持重大合作平台发展方面明确提出"支持广东与澳门共建江门大广海湾经济区"，这标志着大广海湾经济区的建设成为国家重大合作发展平台。

（二）大广海湾经济区战略地位凸显

大广海湾经济区将建设成为全省海洋经济发展的新引擎、珠三角实现大跨越发展的新增长极、珠三角辐射粤西及大西南的枢纽型节点、珠江西岸粤港澳合作重大平台和传承华侨文化的生态宜居湾区。

（三）银企对接江澳金融，助力大广海湾建设

为进一步落实澳门与江门金融合作，助力国家粤澳两地共建江门大广海湾经济区部署，江门市金融局与澳门签订了金融合作协议，鼓励信用良好企业与澳门金融机构合作，位于大广海湾经济区的崖门电镀城公司与澳门中国银行达成了 20 多亿元融资协议。金融资本已开始向大广海湾经济区集聚。

（四）地处大广海湾核心区位，利于旅游、服务功能发挥

农业公园涵盖广海湾新城，以及江门横向发展轴与新旧城发展轴。

农业公园利用自身农业与生态优势，为新城、工业组团等的集聚人口提供生态农业及旅游服务。同时，利用深水港出海条件，借力侨力资源，对接"新海丝"需求。

七、发展策略分析

综上所述，项目区与大广海湾经济区协同发展策略主要表现在以下三个方面：

（1）协同吸引资本，使参与滨海新城建设的资金有机会关注农业公园的平台价值。

（2）借助深水港出海条件，发挥侨力资源，对接"新海丝"农副产品、海上旅游等需求。

（3）依托自身农业及旅游资源条件，为本地人口提供生态农业及旅游服务。

第三节　综合条件评估

一、区位交通

（一）宏观因素

广东位于南岭以南、南海之滨，与香港、澳门、广西、湖南、江西和福建接壤，与海南隔海相望，划分为珠三角、粤东、粤西和粤北四个区域。

江门地处广东省的中南部、西江下游、珠江三角洲西部；东邻佛山市顺德区、中山市、珠海市斗门区，西接阳江市阳东县、阳春市，北与云浮市新兴县、佛山市高明区、南海区为邻，南濒南海，毗邻港澳；距广州市 60km，距香港 115km，距澳门 65km，距深圳市 85km。

台山位于珠江三角洲西南部，东邻珠海特区，北靠江门新会区，西连开平、恩平、阳江三市，南临南海；毗邻港澳，幅员辽阔。

项目区位处广东省台山市东南部，珠江口西侧，东部紧邻珠海经济特区，南濒南海，距离珠海市80km，距广州市146km，距澳门86km，距香港150km，扼守泛珠三角地区西部门户，区位优势明显。

（二）微观因素

随着港珠澳大桥的建成，大广海湾区与港澳之间的通车时间将缩短到1.5h以内，可积极融入粤港澳合作发展，对接珠三角地区农业、旅游消费需求。

广海湾是珠三角西部重要的滨海节点，随着珠港澳大桥等区域交通设施的建设完善，将成为珠三角通往大西南的"桥头堡"。项目区应充分利用处于紧邻珠三角核心区的区位条件，扼守珠三角西部门户，直接对接广州、深圳、香港、澳门、珠海等城市的旅游及农产品消费需求。

二、自然资源条件

（一）地形地貌

台山土地肥沃，气候温和，物产丰饶，是珠江三角洲著名的"鱼米之乡"。市境南临南海，海（岛）岸线长649.2km，境内有大小岛屿265个，以及川山群岛中被誉为"东方夏威夷"的上川岛、下川岛。

境内中部地势较低，南部由东北向西南倾斜，北部由东南向西北倾斜，中部和北部呈现平原、丘陵分布。南部为珠江三角洲冲击平原、海基平原。

台山的地形地貌主要包括丘陵、山地、平原、滩涂、岛屿，地貌类别多样。

（二）气候特征

江门地处华南，常年有绿色植被，四季常春。江门市属亚热带低纬地区，位于珠江口西岸，全区有 285km 的海岸线，受海洋性季风影响，气候特征是温暖多雨，日照平均在 1700h 以上。气候温暖湿润，适宜种植水稻和各种经济植物，无霜期在 360 天以上，终年无雪，气温年际变化不大，年平均气温全区均在 22℃左右。夏季会有台风和暴雨。

台山属亚热带海洋性季风气候，年平均气温为 21.8℃，年平均日照为 2006h，年均降雨量为 1936mm。

（三）水资源

项目区内河流属粤西沿海诸小河水系。项目区内中小型及以上水库有 36 处，正常库容 2.34 亿 m³，其中大隆洞水库是全市最大的水库，已建有水力发电项目。

台山生态条件优越，农业产业的发展有着很好的基础，地貌类别多样，水资源丰富。这种丰富的生态资源主要表现在以下几个方面：

（1）在海拔较高的山地间主要种植经济林和生态林，其中经济林品种以桉树为主，对环境破坏较为严重，主要水源为山上溪水。

（2）在丘陵区域种植多样化品种，主要有林果、苗木和经济作物等，生产规模小，土地利用率低，主要水源为水库、河流、自然温泉。

（3）在平原地区以水稻种植为主，面积分布相对零散，不具有规模化，产量低，主要水源为周边的河流与自然温泉。

（4）在海滩、滩涂区域是水稻轮作与水产产业，受现有的自然资源条件影响较大，产业规模受到局限，水源以地表湿地水和地表温泉为主。

（5）在海洋、岛屿周边等海域，有大量的自然野生动植物（图4-3）。

这些丘陵、山地、平原、海岸、岛屿、湿地滩涂等为旅游及农业产业的发展提供了丰富多元的支撑条件。

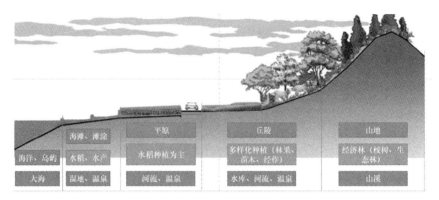

图 4-3　景观断面图

（四）温泉资源

江门市境内广泛分布着优质的矿泉和温泉。已探明的矿泉有 9 处，已通过勘查评价并开发的有 4 处，其中开发成规模的有 1 处。温泉分布于恩平市的那吉镇、良西镇，台山市的三合镇、都斛镇，新会区的崖门镇，开平市的赤水镇。其中，流量最大的是台山市三合镇的台山温泉和新会区崖门镇的古兜温泉，日流量达 3000m³；水温最高的是台山市都斛镇的莘村温泉，水温达 73℃。台山市已查明有三合温泉、白沙朗南温泉、都斛东洲温泉和莘村温泉、汶村神灶温泉等。

三、社会经济条件

（一）人口概况

2014 年，台山市总人口为 94.9 万人，海外侨胞超过 130 万人，如图 4-4 所示。项目区共约有 23.8 万人（表 4-1），旅外华侨为 38 万人，海外华侨较多，影响程度较大。

项目区农村地区劳动力外出务工占比大。2014 年，台山市农村居民人均纯收入为 12317 元，以外出打工和海外汇款为主。

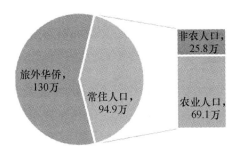

图 4-4　台山 2014 年人口构成

表 4-1　项目区 2014 年人口构成

镇名称	自然村（个）	乡村人口（人）	农业户数（户）	农业人数（人）
斗山	19	53923	12963	47168
都斛	18	49013	11673	45098
赤溪	11	33933	6907	32738
端芬	17	56858	13165	53448
广海	9	44090	8273	31863
总计	74	237817	52981	210315

（二）经济条件

1. 经济处于劣势但稳步发展

江门市位于珠江三角洲西南部，其经济发展水平在区域处于落后位置。台山市 2014 年 GDP 总值为 325.7 亿元，占江门 GDP 总值的 16%，仅占珠三角 GDP 总和的 0.65%，在区域发展格局中处于劣势。

2014 年，台山全市生产总值为 325.7 亿元，增速为 6.5%，一、二、三产比例是 17：55：28。其中：第一产业增加值为 55.14 亿元，同比增长 3.5%；第二产业增加值为 180.63 亿元，同比增长 7.1%；第三产业增加值为 89.96 亿元，同比增长 5.8%，经济增长较为平缓。

相关详细数据如图 4-5 至图 4-8 所示。

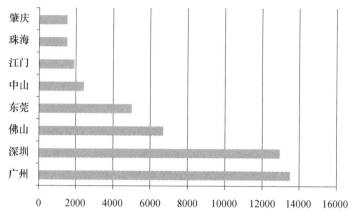

图4-5　2014年珠三角各城市生产总值（亿元）

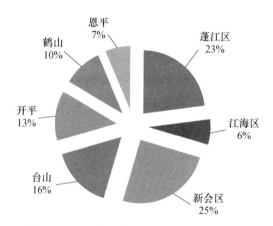

图4-6　2014年江门市各区县生产总值构成

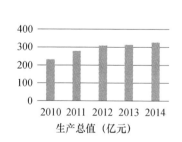

图4-7　台山2010—2014年生产总值

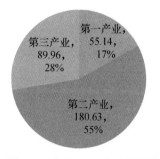

图4-8　台山2014年产业结构
（增加值所占比重）

2.旅游业发展态势良好

台山第三产业发展氛围更加活跃。2014年全域旅游"破题起步"，全年全市接待游客总计720.2万人次，同比增长7.49%，其中接待过夜旅游者人数为318.46万人次，同比增长5.4%，全年旅游总收入为50.2亿元，同比增长16.2%，旅游业发展较好。

（三）产业发展概况

1.农业概况

农业现状主要以粮食产业、渔业为主，其他产业为辅，多重产业协同发展、共享资源的发展格局。

项目区2014年农业总产值为184337万元，2011—2014年农业产值处于平稳上升趋势，如图4-9所示。如图4-10所示为2014年种植业总产值为70046万元，占第一产业比重为38%；渔业总产值为78105万元，占第一产业比重为42%。种植业及渔业占第一产业比重的80%，处于主导地位。

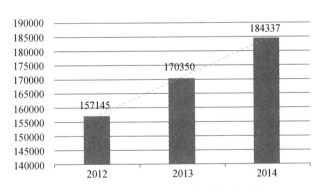

图4-9　2011—2014年农业产值（万元）

近4年数据显示，第一产业中渔业产值逐年下降，种植业比率逐年上升。都斛镇农业产值为57648万元，占项目区农业总产值比重为31%，处于优势地位。2014年各乡镇农业产值结构如图4-11所示。

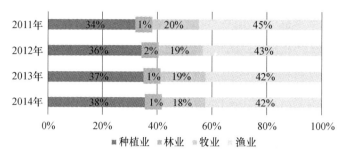

图 4-10　2011—2014 年农业产值结构

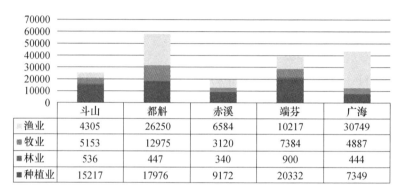

图 4-11　2014 年各乡镇农业产值结构（万元）

　　珠江三角洲西翼农业发展占据优势地位，主要体现为耕地面积较多、产量大。其中，鹤山为广东省商品粮基地；蓬江是以石斛、虫草等为主的深加工业基地，也有以锦鲤、龟鳖为主的观赏农业；江海是万亩省级"无公害蔬菜生产地"和"优质水产基地"；新会是众所周知的中国陈皮之乡、中国陈皮道地药材产业之乡和全国首批平安渔业示范县；开平是农业农村部水稻万亩高产创建示范片区，其中，"马冈肉鹅"获得了农产品地理标志认证；恩平是生猪调出大县；台山市是"台山鳗鱼"和"珍香"牌大米之乡。

　　从产值、播种面积、产量来看，江门市的农业生产总值位于珠三角前列，为广东省农业强市。2014 年台山市第一产业总产值为 101.04 亿元，位于江门市首位，占第一产业增加值的 1/3。相关详细数据如图 4-12 至图 4-14 所示。

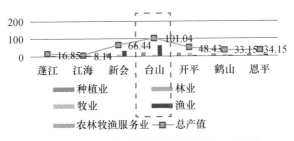

图 4-12　2014 年农业总产值（单位：亿元）

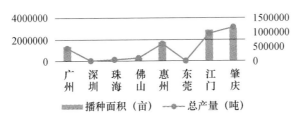

图 4-13　2014 年珠三角各市主要农作物播种面积总产量

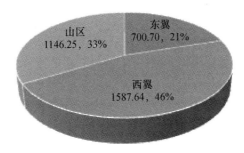

图 4-14　2014 年珠三角农作物分析

2. 种植业概况

种植业基础较好，提升潜力有待进一步挖掘。

（1）种植业基础较好，规模化特色种植起步较晚

以传统的农业种植为主，发展稻米、供港澳蔬菜、西瓜等，目前只有都斛镇的万亩稻田高产示范田（种植优质稻米为主），以及广海镇的蔬

菜基地等，未形成规模、品牌及成熟的市场。机械化率较高，农田基础设施较完善，农业保险体系较为完善。项目区、广东省及全国稻谷产量如图 4-15 所示。

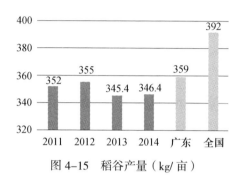

图 4-15　稻谷产量（kg/ 亩）

（2）劳动力素质低，空心化现象较为严重

目前从事农业生产的人员大都为传统农民，文化程度较低，劳动力流失严重，人口以老年人为主。

（3）土地规模化流转较为困难

规模化种植多为外地人承包，承包期限为 1 ~ 3 年，未能达成长期承包协议。

（4）农业经营方式落后

农业合作社、产业化的园区数量有限，营利模式落后，以传统的小农经济为主。

3. 渔业概况

渔业稳步发展，潜力较大，可进一步转型升级。

（1）渔业稳步发展

项目区渔业生产以海水养殖和海洋捕捞为主，主要养殖品种为鳗鱼、南美对虾、青蟹、蚝苗、牡蛎等。鳗鱼主要销往国外，近几年通过资金、政策等扶持，渔业捕捞发展保持良好的势头。

（2）市场体系不完善

存在价格恶意竞争，只有鳗鱼养殖设有鳗鱼养殖协会，其余养殖价格混乱。

（3）养殖规模小，产量不稳定

鱼塘大都在 100 亩左右，大部分为外地人承包。养殖最大规模在 2000 ～ 5000 亩。对虾养殖预防疾病的能力较差。

（4）海洋捕捞有待转型升级

发展粗放，海洋资源污染严重。远洋捕捞能力差，目前正在成立农业合作社整合渔业资源。

（5）休闲渔业尚未起步

目前项目区没有成熟的休闲渔业项目。

相关详细数据如图 4-16、图 4-17 所示。

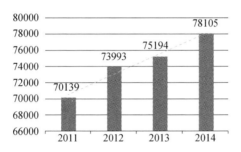

图 4-16　2011—2014 年渔业产值（万元）

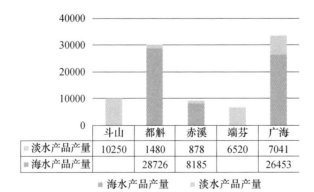

	斗山	都斛	赤溪	端芬	广海
淡水产品产量	10250	1480	878	6520	7041
海水产品产量		28726	8185		26453

■ 海水产品产量　■ 淡水产品产量

图 4-17　各镇水产产品产量（t）

4.畜牧业概况

畜牧业平稳发展，产业化程度有待提升。

（1）畜牧业养殖以猪和三鸟养殖为主

主要指标呈不稳定增长的态势，禽肉产量为11473t，禽蛋产量为1421t。但猪养殖规模小，存栏不到万头。鹅养殖业较为发达，主要集中在都斛镇。

（2）以家庭为主的养殖模式基本形成

主要以鹅蛋—鹅苗—育肥—出售为链条，具备较为完善的产业链。

（3）产业化程度低

以传统的养殖方式为主，废弃物利用程度较低，在产业链环节中，品牌效应不强、缺乏专业技能人才、组织化程度低等。

相关详细数据如图4-18、图4-19所示。

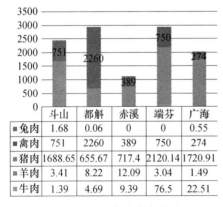

	斗山	都斛	赤溪	端芬	广海
■兔肉	1.68	0.06	0	0	0.55
■禽肉	751	2260	389	750	274
■猪肉	1688.65	655.67	717.4	2120.14	1720.91
■羊肉	3.41	8.22	12.09	3.04	1.49
■牛肉	1.39	4.69	9.39	76.5	22.51

图4-18　2014年肉类产量（t）

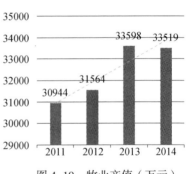

图4-19　牧业产值（万元）

5.林果业概况

森林绿化率逐步提高，发展模式有待优化。

经济林以桉树为主，经济效益较好，但对环境破坏较为严重，产值呈稳定增长的态势，2014年为2667万元。水果种植面积为11057亩；以传统水果种植为主，缺乏特色品种。部分镇水果种植面积如图4-20所示。

　　近几年森林覆盖率呈增长态势（图4-21），其中赤溪镇及端芬镇的森林覆盖率较高，赤溪镇的森林覆盖率达到85%。林果休闲采摘基本缺失。

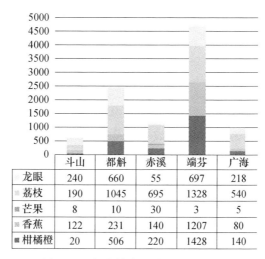

	斗山	都斛	赤溪	端芬	广海
龙眼	240	660	55	697	218
荔枝	190	1045	695	1328	540
芒果	8	10	30	3	5
香蕉	122	231	140	1207	80
柑橘橙	20	506	220	1428	140

图4-20　部分镇水果种植面积（亩）

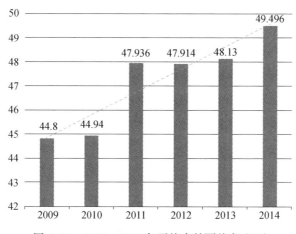

图4-21　2009—2014年平均森林覆盖率（%）

6. 加工业概况

农副产品初加工为主，发展空间较大。

（1）鳗鱼加工规模较大

斗山鳗鱼加工基地的产品远销韩国、日本等地。

（2）农产品加工发展较为初级

稻米的初级加工较多，无精深加工。广海的咸鱼加工产量较大，占广东咸鱼市场的50%左右；整体而言，农产品种类丰富，但在农副产品加工方面尚存较大的发展空间。

7. 已建项目概况

已建项目产业多样，布局分散，有一定特色，联动不足。

现已形成少量的合作社、企业、种养大户，主要以分散经营为主，缺乏社会化服务。特色产业开发有限，经营理念滞后，未能形成地方品牌，就业增收效果不明显。

各镇特色优势产业项目见表4-2。其中，斗山镇主要的特色优势产业项目以鳗鱼加工基地为主；都斛镇特色优势产业项目以万亩水稻示范田、滩涂为主，滩涂主要开展虾蟹养殖；赤溪镇特色优势产业项目以牡蛎、蚝苗养殖为主；端芬镇的特色优势产业项目以珍香米厂、粮食加工、丰盈花木场、神秘果园为主；广海镇特色优势产业项目以供港澳蔬菜基地、鳗鱼养殖基地、咸鱼生产基地、养虾基地、规划建设省级农业园区为主。

表4-2　各镇特色优势产业项目

城镇	特色优势产业项目
斗山镇	鳗鱼加工基地
都斛镇	万亩水稻示范田、滩涂（虾、蟹养殖）
赤溪镇	牡蛎、蚝苗养殖
端芬镇	珍香米厂、粮食加工、丰盈花木场、神秘果园
广海镇	供港澳蔬菜基地、鳗鱼养殖基地、咸鱼生产基地、养虾基地、规划建设省级农业园区

通过对台山产业现状分析，可以看出台山农业地位较为突出，特色

鲜明，已有一定品牌和规模；但是发展模式较为传统、单一，产业链较为低端，一二三产联动不足，调整产业结构、推动项目区现代农业发展，促进三产联动发展，形成品牌和示范带动效应，是项目区未来打造中国农业公园的重要课题。

（四）休闲农业及乡村旅游

台山资源条件优越，但是开发利用不足。特色村庄如汶央村、坪洲举人村、翁家楼等的旅游开发较为初级，只有零散的游客会到此旅游观光，未形成明显的经济效益。项目区休闲农业与乡村旅游发展缓慢，处于起步阶段。

（五）农业资源总结

台山作为珠三角地区农业大市，农业基础较好，已有大米、鳗鱼、咸鱼、海鲜等品牌形象，蔬菜基地、林果园区初具规模，特色较为突出。但是发展模式较为传统，潜力较大。同时，除鳗鱼加工外，农产品以初加工为主，产业链有待提升。

四、历史文化资源

（一）侨乡文化

台山隶属五邑地区，有常住人口94.9万人，130多万台山籍华人华侨，享有"中国第一侨乡"和"内外两个台山"的美誉。

台山海外侨胞主要旅居美国、加拿大、澳大利亚、巴西、墨西哥、马来西亚、新加坡等，其中旅美42万多人、旅加18万多人。众多华侨在家乡投资经济建设、公益事业，为台山市发展提供潜在的资金支持。

台山侨胞多、名气大，在人口、经济、建筑等方面都有很深刻的影响，主要体现在以下几个层面。

1. 人口层面

一方面，作为一个县级侨乡，海外人口比国内人口还多；另一方面，以台山人为代表的中国侨乡文化塑造者，主体是近代广大的乡村民众，其对外文化的学习、领悟，与中国近代社会上层人士在沿海沿江城市所进行的实践有很大的不同，别具学术研究价值。

2. 建筑层面

漫步在台山的阡陌巷道，随处可见中西合璧的建筑，与岭南鱼米之乡浑然天成；台城、侨圩骑楼成行成市、保存完好。

3. 经济层面

"四邑侨汇冠全粤"，台山的侨汇贡献比其他同为侨乡的三县之总和还多，台山一县的侨汇收入一度占据全国侨汇的三分之一；侨汇至今仍是台山人的重要经济来源之一，"金山阿伯"成一时佳话；20世纪20年代至30年代期间，台山已经形成"外购内销"的经济体系。

台山侨乡底蕴深厚，遍布世界的商业脉络，为农业产业的多元发展提供了保障。

（二）侨乡遗存

侨乡遗存是东西方文化和智慧的碰撞与融合，台山具有丰富的侨乡遗存，主要有古街区、侨圩、侨村等，除此之外台山还有很多特色村落分布在大街小巷中，保留着众多当地特殊的民风民俗。

1. 古街区

能体现城市历史发展过程或侨乡文化风貌的古城区或旧城区，属侨圩的一个子类型。本规划特指历史城区中历史范围清楚、格局和风貌保存较为完整的需要保护控制的地区。

台山的古街区集岭南传统韵味与侨乡风情于一体，是五邑侨乡文化的杰出代表，主要的典型代表作是斗山古街区。

2. 侨圩

侨圩即由华侨和侨眷集资建造的圩市。"侨圩"的概念在"圩"上演变而成。"圩"最早见于明朝中期，具有地域性，是乡民在约定的时间组织货物进行交易之处（通常为空阔的地方），其后发展出了有固定铺位的"市"。至清朝，为适应台山高温多雨的亚热带气候，这些商铺大多建成了骑楼式建筑。侨圩采取前铺后居或上宅下店的方式，将农村住所与集市结合在一起。

侨圩是台山历史上商业贸易集中的区域，也是中外贸易的中转站。它们分布在台山各镇、村，主要是沿新宁铁路及台山水道分布，由碉楼、骑楼建筑连贯而成，见证着台山昔日商贸的繁华。主要的典型代表作是汀江圩、上泽圩。

3. 特色村落

特色村落是指民国以前建立，具有一定的历史沿革，即建筑环境、建筑风貌、地址未有大的变动，具有独特民俗民风，虽经历久远年代，但至今仍为人们服务的村落。

在台山，特色村落随处可见，主要包括特色古村、典型侨村、现代侨村和产业大村这四个方面，其中特色古村主要分布在赵宋皇族村、举人村等区域；典型侨村有浮月洋楼、汶央南阳建筑、庙边翁家楼等，主要分布在浮石村、平洲村、浮月村、汶央村、庙边村等区域。

4. 侨乡民俗

台山华侨为台山和西方世界搭建了沟通的平台，在此基础上，台山方言多夹杂多国词语，成为粤方言中的特色语言；宗教在台山也有较大影响，拥有众多的教会和教徒；台山音乐、台山排球蓬勃发展，文艺氛围浓厚。这些都是台山与西方文化交流的结果。主要的代表作有台山方言、台山音乐、排球、浮石飘色、大江古典家具、八音班、跳禾楼、打龙船、灯会等。

（三）民俗文化

台山以其侨乡风情而闻名，五邑在海外的华侨、华人、港澳台同胞，拥有共同的历史，同出一宗的地缘人缘，加上海外对五邑的影响，使江门五邑展现出丰富的民俗风情。

1. 五邑龙船抢大标

"四月龙头随街绕，五月龙船抢大标。"这两句岁时歌，百多年来在江门五邑广泛传唱，可见端午节斗龙船在台山市风气之盛，历史之长。江门市境内有锦江、潭江、西江，鹤山、新会地处西江下游，河涌纵横，水网密布。农民通晓水性，扒艇出入，斗龙戏水，得其所乐。

五邑的龙船，亦叫龙舟，以船首龙头的颜色区分，有红龙、黄龙、白龙、黑龙、银龙、金龙、绿龙、灰龙等。红龙的桡手一律穿红色纱衫、用红色桡桨，其余以此类推。远远望去，江中龙船颜色各异，易于识别，甚是好看。龙船的制作十分讲究，均以数丈长的原枝坤甸木作为龙骨，取其木质坚韧不易渗水，耐浸耐碰。但坤甸木忌北风和日晒，平时龙船埋藏于河底淤泥中，用时才起出。

2. 台山浮石飘色

浮石飘色源于清乾隆年间。飘色亦称摆色，以八九岁的儿童装扮成戏剧故事、神话传说中的人物，由人们用"色柜"抬着出游，属于人物造型艺术，是台山民间艺坛上的一枝奇葩，其中以斗山浮石"摆色"久负盛名，誉满海内外。

飘色中的人站在色柜上凌空而起，称为"飘"，在柜台上的小舞台坐或立的称为"屏"。人物主要靠一条精心锻造的钢支支撑，这钢支叫作"色梗"，色梗有明铁、暗铁、台铁、手铁之分。长相俊美、意志坚强的儿童才能入选，入选的儿童叫"色仔"。飘色的内容多为"嫦娥奔月""牛郎织女"，天牌、色标、罗伞配以高跷、八音锣鼓队，场面极为壮观。

3. 江门婚俗杂拾

（1）新郎"上头"

新郎"上头"（梳头）的婚俗，在五邑很普遍。成亲之日，天未亮，新郎长辈就在家中设一圆形大簸箕，上放一30cm高、下宽上窄的小木斗，内放谷少许、铜钱若干、柏一枝。新郎坐在木斗上，臀部将斗口封严，意为保住钱物。再由多子多孙或有名望的长辈为新郎梳头，长辈边梳边唱歌，为新郎祝福。

（2）跨禾竹

开平、恩平的一些地方，新娘出阁之日，男家的司礼人预先把扁担横搁在门槛上，在门前堆放黄茅草，待新娘来到家门口，就把茅草点燃，让新娘跨过，叫作跨禾竹。伴娘此时便高声提醒新娘："阿妹快把脚抬高，别把禾竹踩中啊！"

（3）纸扇敲头

恩平、鹤山的一些农村中，当新娘走出花轿时，新郎就扬起纸扇朝盖着头巾的新娘头上连敲三下，以示新娘以后要听从夫家使唤。

（四）饮食文化

台山的饮食文化独具特色，种类繁多。五味鹅：令人回味无穷，汶村和海宴两镇，逢年过节，家家户户都做鹅，且全部制成五味鹅。狗仔鹅：名气远不及台山五味鹅，但它味道"野"得独特，原料一定要选用4～5年以上的母鹅制作，因为鹅要够老，味才够野。大花虾蒸杂鱼：台山市有广东省最狭长的海岸线，海产以丰盛生猛著称。上川、下川、浪琴湾、都斛、汶村、海宴、铜鼓等都是台山海鲜既多又便宜的地方。炆狗肉：时下台山人喜欢的食物。原汁原味的四九镇牛骨汤、做法多样的水步黄鳝饭，以及台山鲜蚝宴也是台山的特色美食。

（五）其他文化资源

台山人讲话夹杂英语已经成为一种习惯用语；诞生于台山的侨刊《乡讯》，有"集体家书"之称，是侨乡文化的"百科全书"；创刊于清宣统年间的《新宁杂志》，现以赠阅形式，发行至42个国家和地区，影响力甚广；台山作为口供纸移民最主要的迁出地区，大量保存着世界移民史中独具特色的珍贵文物。

台山底蕴深厚，众多华侨在家乡投资经济建设、公益事业等，为台山市发展提供了潜在的资金支持，遍布世界的商业脉络，为农业产业的多元发展提供了保障。另外，台山文化多元，文化资源丰富，有较多的侨乡建筑遗存、不同内容和主题的特色村落，丰富多元的民俗文化，为项目区旅游发展、一三产融合联动提供了充分的支撑和多元发展的可能。

五、旅游资源

（一）台山片区内旅游资源

台山片区内自然资源丰富，周边有著名的珠海长隆海洋公园、上下川岛，颐和温泉城、开平碉楼等。台山旅游资源主要分为地文景观、水域风光、生物景观、建筑与设施、旅游商品和人文活动六个类别，见表4-3。

表4-3 台山旅游资源

类 别	内 容
地文景观	海龙湾旅游度假村、海角城度假村、黑沙湾、黄金海岸、北峰山森林公园、凤凰峡、猛虎峡
水域风光	大隆洞水库、正坑水库等，汀江、富都温泉
生物景观	利众生态园、鳗鱼养殖基地、都斛水稻种植区
建筑与设施	海永无波公园、陈宜禧纪念广场及纪念物、灵湖古寺、斗山镇步行街、北帝庙、浮石村、翁家楼、梅家大院、上泽圩、东宁里、海口埠、浮月村、五福里、陈宜禧故居、广海古城等
旅游商品	广海咸鱼、都斛花椰菜、黄鳝饭、海鲜等
人文活动	台山广东音乐、台山排球、台山民歌、浮石飘色等

（二）周边旅游资源

台山周边旅游资源各具特色：广州是一个综合型旅游城市，佛山则以生态、休闲农业出名，中山、珠海旅游以温泉度假著称，开平享有我国"中国碉楼之乡"的美誉，肇庆则是山水名城、岭南名郡、休闲之都。

台山及其周边生态资源丰富多彩，文化底蕴深厚：台山拥有北峰山森林公园、红树林、上川岛猕猴省级保护区、古兜山省级保护区，蓬江有大西坑森林公园，江海有白水带风景区，新会有圭峰山国家森林公园，开平有狮山、梁金山、百足山，鹤山有大雁山风景区，恩平有七星坑等生态旅游资源。处理好周边生态资源与台山中国农业公园项目区的衔接关系，与周边共同打造一个生态都市圈，能带动项目区客流量增多，达到同步发展、共同进步，也使得整个江门市经济快速发展。台山独特的侨乡文化，蓬江的陈白沙文化、陈垣文化、良溪古村文化，江海的三大文化旅游品牌白水带生态旅游、江中珠游艇会游艇旅游、礼乐田园风光旅游，新会的华侨文化，开平的碉楼、侨乡文化，鹤山的客家文化，恩平的梁赞故里·咏春圣地文化等文化资源，与台山中国农业公园项目区有竞争合作关系，想在周边丰富多样的文化中脱颖而出，就应该将文化融入设计中，通过提取台山文化元素符号，将其植入项目区规划中，将文化做活做特，吸引客流量，让游客在此多逗留、多观赏，陶冶情操，感受独具特色的侨乡文化底蕴。

区市生态文化分布见表4-4。

表4-4　区市生态文化分布表

区、市	生　态	文　化
台山	北峰山森林公园、红树林、上川岛猕猴省级保护区、古兜山省级保护区	侨乡文化
蓬江	大西坑森林公园	陈白沙文化、陈垣文化、良溪古村文化
江海	白水带风景区	规划建设白水带生态旅游、江中珠游艇会游艇旅游、礼乐田园风光旅游等三大文化旅游品牌
新会	圭峰山国家森林公园	华侨文化
开平	狮山、梁金山、百足山	碉楼、侨乡文化
鹤山	大雁山风景区	客家文化
恩平	七星坑省级自然保护区	梁赞故里·咏春圣地

六、城乡村镇现状

（一）交通环境开敞

台山市境内仅有新台高速、西部沿海高速两条高速公路，尚未形成高速公路主骨架。与邻近地区如恩平、肇庆等地还未建立起快速干道。位于北部及南部的公益港、广海港可供停泊数千吨乃至万吨级的货运船及客轮，港口建设日趋完善。

由于市域内省道等交通干线较为陈旧，缺乏有效的铁路交通接驳，台山市的交通运输主要依靠公路及水路承担，整体发展受到一定程度的限制。

台山市整体大环境下路网体系有公路、铁路、航空和港口四大交通体系，但是项目区内部交通缺乏体系，有待优化完善，出现断头路，基础设施欠缺，需要建立合理的道路系统来完善路网构架。

1. 公路

公路方面主要有新台高速、广东西部沿海高速和四条省道。其中，四条省道S367、S274、S273、S275共同构成台山市内外交通大骨架。西部沿海高速（S32）和新台高速（S49）分别设有三个和一个出入口。

2. 铁路

在1h车程范围内有江门、礼乐及新会三个城轨站；已开通的深茂高铁有效连接了珠江三角洲地区、粤东及粤西地区；未来将开通珠海到斗山的城际轨道交通路线。

3. 航空

在2h车程范围内分布了三大机场，分别是澳门机场、广州白云机场及珠海机场，空中交通条件相对便利。

4. 港口码头

主要有三个港口和多个码头：公益港口，现有1000吨级、500吨级泊位各一个，规划建设两个 1000 吨级泊位；广海湾港口，规划建设万吨级货运船及客轮泊位；川岛深水港，其东距香港、澳门分别为 87 海里和58 海里。四个码头分别是衡山码头、山咀码头、三洲码头等货运和客运码头。

　　未来依托西部沿海高速、新台高速、佛开高速、江肇高速及江门大道可接入佛山一环南延线，快速连通广佛肇地区；通过江珠高速、高栏港高速便捷联系珠中江地区，为承接珠三角内圈层的外迁产业提供更好的环境和条件。

　　随着港珠澳大桥的建成，大广海湾区与港澳之间的通车时间将缩短到 1.5h 以内，可积极与粤港澳合作发展。

　　项目区基本形成了开放、便捷的公路体系，未来铁路的贯通，港口、机场的建设，缩短了项目区与珠三角各城市的通行时间，同时也推动项目区与珠三角发达地区的融合，为项目区未来农业和旅游发展奠定了良好的基础。

（二）村庄分类

　　结合村庄与旅游节点、城镇的位置关系，可将台山村庄分为资源带动型、城镇辐射型和独立发展型三类。

　　（1）资源带动型村庄：邻近旅游节点的村庄，未来直接承接旅游和产业发展的带动，公共设施配置需要考虑旅游和农业发展的需求。

　　（2）城镇辐射型村庄：远离旅游节点、邻近城镇的村庄，公共服务依靠城镇。

　　（3）独立发展型村庄：远离旅游节点、地域上相对独立的村庄，配置标准化公共服务设施。

（三）公共服务设施

　　台山市各镇公共服务设施较为齐全，基本满足当地需求，但多集中于镇，而乡村的公共服务设施建设水平低、管理水平差。项目区各镇旅游公共服务设施缺失，严重制约旅游发展。以下是公共服务设施的概况及存在的一些问题。

（1）小学按重点村、中心村配置，基本满足小学教育需求。

（2）幼儿园通常结合小学配置，存在部分幼儿入园距离过远的问题。

（3）卫生站实现了行政村全覆盖。

（4）文体设施较为缺乏，只有部分重点村、中心村配置有专用文体活动场所。

（5）市政基础设施基本满足需求，但管理和建设水平有待进一步提升。

项目区内现拥有220kV唐美变电站，110kV渔塘变电站、南湾变电站、斗山变电站、端芬变电站、都斛变电站等，供电满足当地现状的生产生活需求，各村镇的供电线路基本满足生活需求。

项目区内现有康洞水库、小坑水库、莲湖水库、南坑水库和都下水库等多座水库作为供给水源，水量与水质可以满足需求，项目区内自来水普及率较高。图4-22为水库现状。

图4-22　水库现状

项目区各镇村基本的雨水排水设施较完善，但多为明渠且建设年代久远失修；个别镇建有污水处理厂，村庄不具备污水处理设施，污水直接排放到附近水体，排水体制为雨污合流制。图4-23为排水系统现状。

图 4-23　排水系统现状

　　项目区环境卫生状况差别较大。部分整治村庄环境卫生概况较好，管理规范；部分普通村庄垃圾乱倒，管理混乱，环境卫生状况堪忧。

第 五 章

战略目标定位

第一节　发展原则

一、市场导向原则

整体项目的规划及后期建设必须坚持市场导向，既要瞄准现实需要，也要着眼潜在需求；既要占领国内市场，又要利用战略区位优势积极开拓国外市场。在品种选择上突出品质特色、功能特色、季节特色，满足市场需求的多样化、优质化、动态化要求。

二、资源依托原则

发展岭南特色现代农业，着眼于特色农产品产业整体开发和整体竞争力的提高，通过延伸产业链和产业化经营，建立完整的特色农产品产业链，提高特色农产品整体竞争力。

三、产业开发原则

台山中国农业公园的建设必须充分考虑资源与市场的特殊性，组织适度规模生产，以提高生产效率，保持产品自然特性和经济价值。

四、规模适度原则

台山中国农业公园的发展要防止过度开发，同时兼顾生态环境保护，建设生态文明特色产业园区，促进现代农业可持续发展。

五、科技支撑原则

台山中国农业公园的建设要坚持以现代农业的发展为基础，而发展现代农业要以先进科技来保障特色农产品特有的品质，通过加强种质资源驯化，改造传统生产经营方式，提高生产效率，稳定和增强农产品的品质，培育核心竞争力。

六、生态文明原则

台山中国农业公园的建设，遵循区域独特资源与多元生态条件发展要求，因地制宜，合理布局项目，突出区域特色。

第二节　总体思路

借势国际、国内现代农业发展势头，依托台山中国农业公园的区位、农业、乡村、文化等资源，构建以特色种植、文旅休闲、创意体验为主的农旅产业链和文旅服务链，实现产业融合发展；寻求中国特色现代农业出路、引领现代都市农业、拉动当地农业及相关产业发展，推动台山乡村振兴发展，最终将台山中国农业公园打造成为区域产业集聚的催化器、区域农业经济的全新增长极、区域农业经济转型的重要载体、都市农业示范的窗口和基地、乡村振兴样板。

在项目策划上，从"文化科技、创意休闲、根植田园"出发，将"科技、生态、健康、创意"（图5-1）充分贯穿于本项目每一个细节。

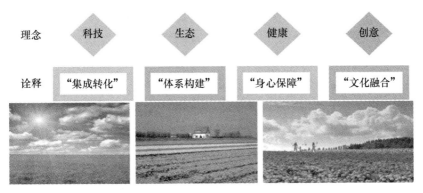

图 5-1　理念解析

台山中国农业公园，作为广东首家国家级农业公园，作为占地800km^2、占据台山四分之一土地的重大项目，作为台山展示自身农业、旅游、文化特色的重要窗口和名片，其未来的建设与发展，有以下四个方面的要求与诉求：

（1）作为"21世纪海上丝绸之路"的重要节点，大广海湾经济区成为国家级粤澳合作的重要平台。同时伴随珠三角一体化进程的不断加快，台山的地位和价值不断提升，为台山中国农业公园的发展提供了良好机遇，但也带来了诸多挑战。台山中国农业公园要承接不断更新的区域"名片"的发展机遇，也要满足伴随这些机遇带来的要求。

（2）台山作为中国第一侨乡，20世纪二三十年代有"小广州"之名，在珠三角有着很高的地位。台山中国农业公园作为广东首家国家级农业公园，也同时承载着代表台山农业、旅游、文化地位的区域名片的诉求。

（3）台山中国农业公园作为国家级的农业公园，在现代农业生产示范、农旅融合示范、乡村振兴发展、一二三产融合发展、民俗文化保护与传承等诸多方面，要有与"中国"相匹配的层级和水平。

（4）台山中国农业公园需突出自身特色，寻求与台山息息相关的重要标识性要素，打造"第一"与"唯一"，建设具有明确台山印记的中国农业公园。

结合台山中国农业公园的各项要求与诉求，通过梳理台山各项资源，并融入中国农业公园评价体系的各项指标要素，形成台山中国农业公园概念规划的总体思路：打造台山中国农业公园清晰、明确的总体定位和主题形象；谋划符合台山中国农业公园的发展策略；完善中国农业公园未来发展的空间结构、道路系统、游憩系统、公共服务设施；规划提升高水平、高标准，整体提升的现代农业；统筹资源，全面提升，规划台山中国农业公园的"子公园群"；制定指导台山中国农业公园建设与发展的相关措施建议。图5-2为台山项目区总体思路。

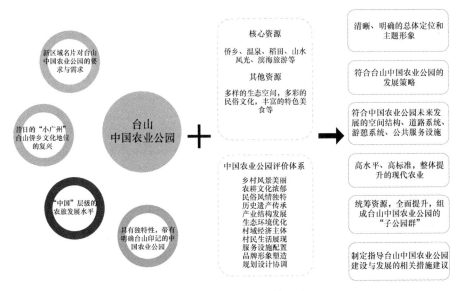

图 5-2 台山项目区总体思路

第三节　目标定位

台山中国农业公园整体规划以侨乡文化为特色，以休闲农业和乡村旅游为主导，以三产融合的现代农业为支撑，打造"三位一体、国内唯一、侨海特色、农旅融合"的中国农业公园。

台山昔日战略地位极高，曾被誉为"小广州"。台山中国农业公园的打造，以"农"为基础，"文"为核心，"旅"为重点，将一个农业大市变农业强市、单一种养变多产融合、文化保护变传承利用、单打独斗变农旅结合的结构模式（图 5-3）。

一、产业层面

将其打造成为一个"新海丝"国际现代农业创新交流平台、泛珠三角地区优质农产品供应基地和广东岭南特色现代农业示范推广地,使台山中国农业公园的产业发展迈上新的台阶。

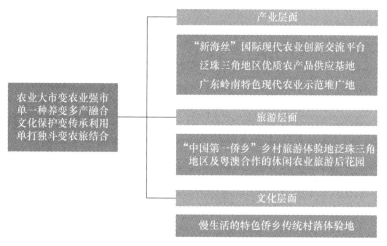

图 5-3　台山中国农业公园发展目标

二、旅游层面

将其打造成为一个"中国第一侨乡"乡村旅游体验地和珠三角地区及粤澳合作的休闲农业旅游后花园,使台山中国农业公园成为区域旅游目的地。

三、文化层面

将其打造成为一个慢生活的特色侨乡传统村落体验地。

第四节　形象定位

抓住国家建设"海洋强国"和"21 世纪海上丝绸之路"的战略机遇,

坚持以文化为统领，在江门市"中国第一侨乡"金字招牌的引领下，寻求台山发展定位。以侨乡文化为主题，对台山特有的建筑文化、民俗文化、商业文化、体育文化、音乐文化、海洋文化进行深层次的挖掘与活化，对自然生态资源进行人文化演绎，充分发挥"海"与"侨"的龙头带动作用：将台山中国农业公园整体形象定义为"海丝现代农业新城，侨乡生态农旅台山"。

以海上丝绸之路为抓手，突出侨乡文化，充分挖掘山地、溪流、田园、文化、村寨，融合现代农业体验、休闲、都市、创意功能，重点发展现代休闲农旅，打造农情漫台山、海丝新侨乡、悠游侨乡故里的海丝农业新城的新景象。

通过"观台山春夏秋冬的美景，赏台山山水田园的特质，听台山古今中外的故事，展台山农业强市的风采"，展现现代农业新城、生态农旅台山，演绎具有吸引力的台山中国农业公园。

第五节　发展策略

一、区域对接——对接区域环境与市场需求，创建新型产业体系

随着"一带一路"倡议的提出，珠三角区域一体化进程的不断加快，大广海湾经济区建设的不断推进，台山的区域地位日益明显，台山中国农业公园应立足于自身基础和发展特色，放眼新海上丝绸之路，积极融入珠三角核心圈层，协同广海湾经济区建设，打造整体品牌，推动全媒体营销，创建一二三产深度融合的新型产业体系。

将台山中国农业公园在新海上丝绸之路上、珠三角区域一体化下和大广海湾经济开发区中三大区域里面对接。

（一）新海上丝绸之路上的台山中国农业公园

依托侨乡人开拓创新的文化和遍及世界的商业脉络，吸引海外华侨回归创业，将自身农业资源通过侨力资源与"新海丝"沿线国家需求进行多层面的对接。

（二）珠三角区域一体化下的台山中国农业公园

针对珠三角在旅游、农业方面的中高端需求，有针对性地提供文化、生态、农业等要素高度融合的复合型旅游产品和绿色有机农副产品，并建立高效的物流配送体系。

（三）大广海湾经济开发区中的台山中国农业公园

借助滨海新城、工业基地和深水码头建设的窗口期，聚焦目光，吸引资本，进行农旅协同开发。中远期为滨海新城提供农产品及旅游度假服务，在工业基地进行农产品就地转化，再借助深水港向外集散。

二、产业发展——特色发掘与优势提升并重，凸显台山独特印记

随着城镇化步伐加快，人们对于生态环境、绿色食品、休闲旅游等方面的需求日益增多，台山中国农业公园作为广东省第一个国家级农业公园，应以珠三角区域作为主要服务对象，都市化、公园化、国际化、精品化、特色化发展，逐步成为依托城市、服务城市、多元化融合发展的综合型园区。

整合农业产业资源，对台山中国农业公园已有都市农业相关产业项目进行淘汰、提升以及布局调整，优化选择，推动农业产业链延伸和一二三产融合发展。

通过对案例梳理、资源分析、相似环境类比等方式，并基于本地条件进行筛选，培育壮大"农业＋旅游""农业＋互联网""农业＋科技""农业＋贸易""农业＋创业"等一批具有本地特色、高端的项目和产品，如图5-4所示。

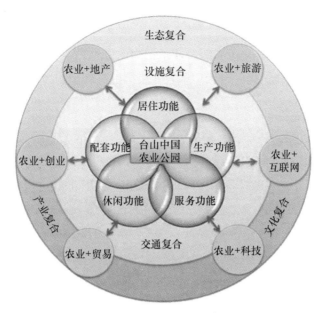

图 5-4 台山中国农业公园产业发展

台山中国农业公园的发展方向表现为都市化、公园化、国际化、精品化和特色化五大方面。

（一）都市化

以城市和居民为服务对象的"生产、生活、生态"三生功能基底，充分发挥城乡关系链接纽带和要素交流的对接载体作用。

（二）公园化

突出中国农业公园的旅游职能，结合农业和当地特色旅游文化资源，设计旅游产品，整体打造品牌。

（三）国际化

紧抓"一带一路"发展重大机遇，发挥农业吸引国外资本注入和出口创汇的功能，培育和提升台山中国农业公园农业的区域地位。

（四）精品化

挖掘周边城市居民高端消费需求潜力，塑造精品农业的高质量、高功效、高价值功能，提升台山中国农业公园的品牌影响力和知名度。

（五）特色化

基于居民消费多元化、时尚化特征，发挥特色农业的选择性和展示性功能，创造农业的差异比较优势。

三、空间优化——资源整合与空间重构结合，片区布局全产业链

通过梳理地貌特征、廊道系统、土地使用、旅游资源等，因地制宜，合理安排产业和重点项目，多元化布局，打造丰富多样的产业格局，分成四大片区来布局现代农业全产业链。片区布局主要参考以下因素。

（一）地貌特征

沿海山体，过渡地带的缓坡丘陵，西江流域的大同河、斗山河、都斛河水系冲积形成的平原和沿海滩涂湿地构成规划区主要的地貌特征。

（1）山体。北部的北峰山、西部的虎山—牛围山、东部的南峰山，面积为 $180km^2$。

（2）缓坡丘陵。各处山体过渡地带，是区域典型地貌，主要分布在端芬镇和都斛镇，面积为 $360km^2$。

（3）平原。主要分布在大同河、斗山河、都斛河水系发育上游沿河区域，面积为 $150km^2$。

（4）滩涂湿地。主要分布在广海镇和都斛镇，面积为 $110km^2$。

（二）廊道系统

廊道系统分为交通廊道和水系廊道，形成区域的廊道网络系统。

（1）交通廊道。西部沿海高速贯穿东西，通过3处下道口衔接省道，向南北各区域辐射；创建生态绿道轴线，结合新宁铁路遗址建设一条观光火车道。

（2）水系廊道。大同河、斗山河、都斛河水系沟通区域生态节点形成水系网络系统，是区域生态框架。

（三）土地使用

规划区以农地和林地类型为主。需要重点控制区域包括大隆洞湿地和各处水库的生态环境安全控制区；东部沿海海岸线多为农田和自然滩涂，南部广海湾是城镇建设和农业利用复合区域；建设区沿公路呈散点状分布，未来将大量集中使用广海湾区的土地。

（四）旅游资源

（1）资源分布：内陆镇区周边分片集中分布。

（2）资源分类：文化类旅游资源为主，包括传统村落、碉楼、洋楼、古城等。

四、文化彰显——融合多元文化与台山内涵，创意结合乡村旅游

深入挖掘台山悠久浑厚的侨乡文化资源、强化特色民俗文化品牌，通过功能混合激发人文活力，塑造项目区乡愁和农耕文化魅力，强化中国农业公园内涵，促进台山中国农业公园的发展，增强国际吸引力。

完善园区发展对区域"生态、生产、生活"三生功能服务的提升：生态上改善都市生态小气候；生产上建设珠三角地区菜篮子基地；生活上提供休闲旅游、农事体验等空间（图5-5）。

统筹考虑生态田园对城市的生态性、景观性、生活性（科技支撑）、生产性（经济）、社会性等多元功能，引导养生、养老、文化旅游、科普、

教育、互联网，各产业融合的全新健康生活范式，打造生态优先、服务一流的中国农业公园。

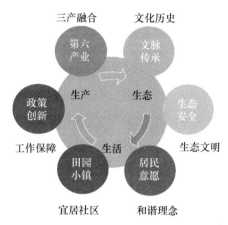

图5-5 台山中国农业公园功能服务

其中，台山的文化特色包括侨乡文化、农耕文化、宗教文化、民俗文化、美食文化和"海丝"文化等。

（1）侨乡文化：挖掘侨乡文化的精髓，再现展示侨乡文化的人文、历史、建筑等文化资源，围绕园区资源构建侨乡文化创意产业区。

（2）农耕文化：通过农耕展示、技艺体验等形式，传承展示珠三角地区特色的农耕文化。

（3）宗教文化：保留修缮区域祠堂，发扬祠堂的祭祀祖先或先贤、集会等功能，传承发扬侨乡的宗教、宗祠文化。

（4）民俗文化：通过节庆活动、展示演艺、风俗体验等途径，发扬区域的浮石飘色、龙船、灯会等特色民俗艺术魅力。

（5）美食文化：依托区域优质特色农产品及传统习俗，围绕民宿、农家乐等开展客家美食、广海咸鱼等传统美食品尝等。

（6）"海丝"文化：充分利用项目区的海岸、滩涂资源，发展水上游线、拓展渔文化等海洋文化。

台山中国农业公园整合多种文化资源，通过提升品位、整体包装，构建具有唯一性、标识性的台山特色文化品牌，使台山侨乡文化生于田园，长于田园，又辉煌于田园。

五、生态服务——凸显绿色田园与山水格局，塑造生态体验空间

坚持绿色发展，完善台山中国农业公园发展格局，统筹田园空间、生态安全、多元文化、自然岸线等内容，构建台山中国农业公园整体统一的绿色格局。

以产业为基础、服务为灵魂，通过完善产业融合、项目植入、功能提升、生态保障等服务的全面升级，以生态建设为根本，探索台山中国农业公园未来发展的新模式。其主要体现在以下几个方面。

（一）保护自然山水格局，塑造田园风光

自然中的山水田园环境是园区的生态本底，是实现可持续发展，建设生态文明的保障。应展示"村镇—山水—乡间—田野"交相辉映的田园风光系统，将农业休闲旅游融入项目区居住生活、现代生产、休闲体验中，打造新型大农业公园立体空间。

（二）文化传承与提升，留住乡愁

保留和吸纳村落文化要素，实现文化的传承与提升。保护村庄魅力要素，保留重要公共空间节点，维护村庄与自然山水的对景层次。

（三）可持续发展

从资源环境和农业资源综合利用方面出发，通过生态循环体系打造、水土保持、区域承载力监控等多方面，整体提升项目区可持续发展能力。

第六节　市场定位

一、农产品市场分析

（一）广东省市场

据统计，广东省 2015 年年末常住人口为 10849 万人，同时根据《广东省食物与营养发展实施计划（2014—2020 年）》食物消费量目标，推算近期（人口以 2015 年年末统计为准）全广东人口每年的基本饮食需求，并由此推算近期广东省各类农产品的需求量和市场份额。预计广东省全年食物需求量达 5000 余万吨，市场份额预估达 3000 余亿元（图 5-6、表 5-1、表 5-2）。

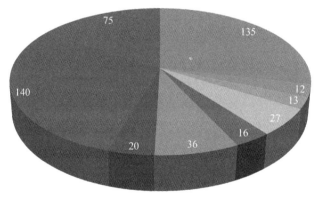

■粮食 ■食用植物油 ■豆类 ■肉类 ■蛋类 ■奶类 ■水产品 ■蔬菜 ■水果

图 5-6　《广东省食物与营养发展实施计划（2014—2020 年）》食物消费量目标

表 5-1　预估广东省全年各类食物消费量

类别	人均年消耗量（kg/a）	预计全省消耗量（万 t/a）
粮食	135	1465
食用植物油	12	130
豆类	13	141

续表

类别	人均年消耗量（kg/a）	预计全省消耗量（万 t/a）
肉类	27	293
蛋类	16	174
奶类	36	391
水产品	20	217
蔬菜	140	1519
水果	75	814
合计	474	5144

表 5-2　广东省全年各类食物市场预估

类别	预计全省消耗量（万 t/a）	近一年批发价格（元/kg）	市场预估（亿元）
粮食	1465	4.5	659
食用植物油	130	8	104
豆类	141	6.5	92
肉类	293	26	762
蛋类	174	8	139
奶类	391	8	313
水产品	217	15	326
蔬菜	1519	2	304
水果	814	5	407
合计	5144	—	3106

数据来源：《广东省食物与营养发展实施计划（2014—2020 年）》和中国农业信息网——市场行情分析。

　　表中农产品价格均为常见的某几个品种近一年的综合平均单价，结果仅对广东省农产品市场做出综合的预估。

（二）绿色农产品需求

绿色农产品市场快速增长，台山生态本底条件良好，有众多特色农产品基础，项目区应通过现代农业的发展，对接区域城市绿色、特色农产品供给。

城镇化促进了居民的消费习惯升级，随着城镇化速度的推进，居民饮食需求处于结构不断优化调整的阶段，对于优质蔬菜、肉类、水产、瓜果类的需求不断增大。

民以食为天，食以安为先，随着人民生活水平的提高，食品安全意识的增强，绿色食品的需求越来越旺盛，并持续保持快速发展的态势。

据有关数据统计，全国绿色食品的消费需求将以每年 20% 的速度增长，但是目前我国企业绿色食品供给量明显不足。

图 5-7 为 2011—2015 年我国有机农产品行业市场规模及增长趋势。

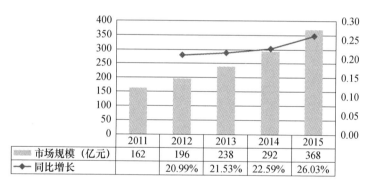

	2011	2012	2013	2014	2015
市场规模（亿元）	162	196	238	292	368
同比增长		20.99%	21.53%	22.59%	26.03%

图 5-7　2011—2015 年我国有机农产品行业市场规模及增长趋势

（三）休闲食品市场分析

纵观国内休闲食品零售行业业态，随着休闲食品零售行业不断发展和深入，休闲食品零售业态由传统的批发零售到如今的多层次、多渠道零售业态并存，总体表现出零售业态多元化的特征。

随着消费者需求向多元化、个性化发展，休闲食品品类逐渐多元化，近年来我国绿色休闲食品市场规模呈现稳定、快速的增长趋势（图 5-8）。

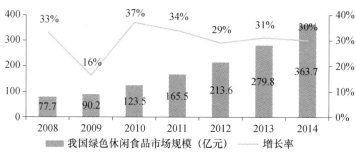

图 5-8 2008—2014 年我国绿色休闲食品市场规模

（四）农产品市场定位

通过对农产品、休闲食品需求和市场分析，台山中国农业公园农产品市场应主要针对本地市场，同时借助区位、政策优势，依托大广海湾粤澳合作平台，发展供港、供澳优质农产品基地，农产品质量在保障无公害的基础上，努力促进绿色、有机农产品的生产。

同时依托旅游市场，开发具有台山特色的休闲食品，配合旅游餐饮服务，增强当地旅游竞争力，同时可通过休闲食品，加强台山旅游品牌宣传。

二、旅游市场分析

（1）"大旅游，大产业，大融合"时代到来，将旅游产业从点状活动向旅游目的地扩展开来，主要表现在两个方面。

① 旅游不再是单一产业的"单打独斗"，而是综合产业的捆绑促进式发展。经过多年发展，中国旅游业已经开始从传统的"门票经济模式"向深度、广度都有很大提升的"大旅游模式"转变，带来一种产业观念的改变，旅游产业正由单一走向多元。旅游不再是单一产业的"单打独斗"，而是综合产业捆绑促进式发展，形成以旅游为核心的新型产业链，同时也将引发中国旅游格局的重新洗牌。

在"大旅游模式"理念下，旅游消费不再简单满足于单一的"门票经济"，而是向更深层的文化消费、体验消费、度假消费等转变。门票经济模式与大旅游模式的比较见表5-3。

表5-3　门票经济模式与大旅游模式的比较

模式	门票经济模式	大旅游模式
游客	外地，观光客	外地＋本地，谁是游客说不清楚
旅游活动	参观，游览	参观、游览、休闲、度假、娱乐
活动空间	旅游景区、宾馆、饭店	目的地的每一个角落
产业特征	单一的旅游产业	"旅游＋×"形成的综合产业

②大旅游模式以目的地整体构成旅游吸引力，其收益来源于大量游客给目的地整体带来的效益。通过传统门票经济模式——单向链条式产业链，即交通—景区门票—餐饮住宿—纪念品的产业链；通过以景区景点为核心吸引物，以观光游览为主要行为特征，以门票收入为主，交通、餐饮、住宿及少量纪念品售卖收入为辅的盈利模式构建而成。发展一个广义游客群体、添加无限活动场地、展示全景空间氛围和发展综合产业链的大旅游模式，其中综合产业链内容有文化＋旅游＋×、农业＋旅游＋×、工业＋旅游＋×、商务＋旅游＋×、教育＋旅游＋×、展会＋旅游＋×、影视＋旅游＋×等产业模式。图5-9为大旅游模式图。

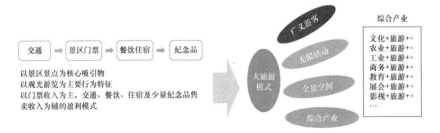

图5-9　大旅游模式图

（2）乡村旅游投资规模不断扩大，乡村旅游市场规模持续增长。

①市场规模快速发展。近五年来休闲农业与乡村旅游行业市场规模得到快速发展。截至2014年年底，全国有9万个村开展休闲农业与乡村

旅游活动，休闲农业与乡村旅游经营单位达 180 万家，其中农家乐超过 150 万家，规模以上园区超过 3.3 万家，年接待游客接近 8 亿人次，年营业收入超过 2400 亿元。

② 经营效益良好。随着中国新农村建设和城乡一体化融合发展，休闲农业和乡村旅游市场迅速增长，2015 年，全国休闲农业和乡村旅游接待游客超过 22 亿人次，营业收入超过 4400 亿元人民币，从业人员 790 万人，其中农民从业人员 630 万人，带动 550 万户农民受益，"十二五"时期游客接待数和营业收入年均增速均超 10%。

③ 发展潜力巨大。《关于大力发展休闲农业的指导意见》指出，到 2020 年，产业规模进一步扩大，接待人次达 33 亿人次，营业收入超过 7000 亿元；布局优化、类型丰富、功能完善、特色明显的格局基本形成；社会效益明显提高，从事休闲农业的农民收入较快增长；发展质量明显提高，服务水平较大提升，可持续发展能力进一步增强，成为拓展农业、繁荣农村、富裕农民的新兴支柱产业。

（3）珠三角旅游市场分析。

① 珠三角居民省内游比例均高于 55%。珠三角居民是广东省省内游的最大客源地，珠三角城市圈范围内的各城市居民省内旅游比例均高于 55%（图 5-10）。其中，广州、佛山和深圳共有 60% 的居民加入省内游行列中，成为省内游的核心客源市场。

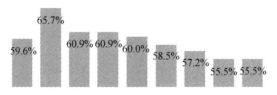

图 5-10 珠三角地区省内游比例一览图

② 自助游、自驾游成为主要的旅游方式。广东省珠三角地区的私家汽车保有量已接近千万辆，其中广州和深圳两大城市的私家汽车保有量

已接近 300 万辆。随着交通路网、汽车租赁、公共信息服务、景区配套的日趋完善，加之私家车普及和节假日小客车高速公路免征通行费政策的促进，自助及自驾车旅游逐渐成为珠三角地区居民日常旅行的主要方式之一。

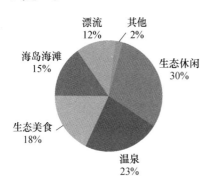

图 5-11　珠三角居民旅游产品偏好

③ 生态休闲度假和温泉等旅游产品最受青睐。30% 的居民喜欢生态休闲主体的旅游产品，而 23% 的居民偏好选择温泉旅游，如图 5-11 所示。由此可看出珠三角居民出游的主要目的在于休闲度假，放松心情。

（4）江门市旅游市场分析。

① 旅游市场发展。2015 年，江门市旅游收入已达到 339 亿元，约占全年 GDP 的 15%，并且连续几年旅游收入占当年 GDP 的比例逐年升高，如图 5-12 所示。可见江门市逐步重视旅游产业的发展，并获得了极大的提升，创造了良好的效果。

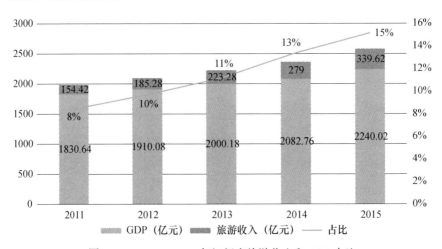

图 5-12　2011—2015 年江门市旅游收入和 GDP 占比

② 国内市场以省内市场为主。江门市客源结构以国内游客为主。2015 年，江门市国内游客数占 88.3%，国际游客占 11.7%。其中，国内游客分布省市位居前十的依次是广东、湖南、广西、四川、湖北、上海、北京、海南、福建、重庆，而广东省内客源占国内游客量的 86.32%。

③ 国际旅游市场发展迅速。近几年江门市国际旅游市场发展迅速，相比广东其他城市增长较快，旅游收入和游客人次逐年攀升。这主要取决于海外华人华侨的故乡多为台山、开平等江门县市，回乡游发展迅速，同时由此带来的海外影响也越来越大，见表 5-4。

表 5-4　2011—2015 年江门市国际旅游收入和游客人次

年份（年）	国际旅游收入（亿美元）	增长率	国际游客人次（万人）	增长率
2011	6.02	20.7%	148.64	24.9%
2012	6.99	16.2%	165.09	11.1%
2013	7.97	14.1%	169.59	2.7%
2014	8.43	5.7%	171.93	1.4%
2015	9.68	14.9%	180.94	5.2%

数据来源:《2011—2015 年江门国民经济和社会发展统计公报》。

（5）台山旅游市场分析。

① 旅游市场发展。2015 年台山市旅游收入已达到 59.01 亿元，全年接待量达到 863.01 万人，2011—2015 年游客接待量平均增长超过 15%，旅游收入平均增长超过 20%（图 5-13）。由此可见，台山的旅游发展非常迅速，市场前景广阔。

② 国内游客占绝对比重，以一日游形式为主。台山国内游客人数占旅游总人数的 95.6%，国际旅游者占 4.4%。客源结构较为稳定。其中，大多数游客在台山旅游逗留时间较短，以一日游形式为主，对台山的旅游产业带动作用较有限。

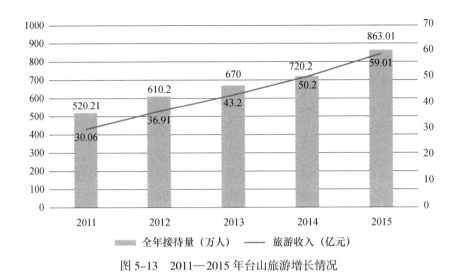

图 5-13　2011—2015 年台山旅游增长情况

　　由表 5-5 也可以看出，台山过夜旅客占比逐年降低，发展主要以一日游为主。

表 5-5　2011—2015 年台山市接待过夜旅游者情况

年份（年）	国际旅游收入（亿美元）	增长率	国际游客人次（万人）	增长率
2011	6.02	20.7%	148.64	24.9%
2012	6.99	16.2%	165.09	11.1%
2013	7.97	14.1%	169.59	2.7%
2014	8.43	5.7%	171.93	1.4%
2015	9.68	14.9%	180.94	5.2%

数据来源：《2011—2015 年台山国民经济和社会发展统计公报》。

　　③ 国内游客主要客源市场以珠三角地区及邻近省份为主，入境客源市场以港澳台地区为主。台山市主要客源市场集中在珠三角，其中以广州、江门、深圳、中山、东莞、珠海为主要市场。入境游客以港澳台游客为主，约占入境旅客的 83.5%。

三、旅游市场定位

（一）区位市场

按照不同地区旅游者流向某一目的地占该目的地总接待人数的比例，结合客源市场的现状及潜在客源，考虑未来一段时间内旅游发展的外部环境特点，以及自身旅游产品的开发程度，将本项目旅游目标市场划分为三个级别的市场（表5-6）。

表5-6　旅游市场分级

分级	地区
一级市场	珠三角地区
	港澳地区
二级市场	广东及广西 湖南的周边省份
	长三角城市群
三级市场	高铁、高速沿线的湖北、江西、福建、重庆、四川、海南等省份
	北方比较发达的城市
	日韩、俄罗斯等东北亚地区
	华人华侨聚集地区

（二）需求市场

按照不同旅游者的消费诉求，结合客源市场的现状及潜在客源，并相应考虑未来本地的旅游发展和自身产品完善程度，将本项目需求市场划分为富裕中产阶级旅游市场、新青年文化旅游市场和华侨华人寻根旅游市场三个类别（表5-7）。

表5-7　旅游市场分类

分类	类型特征
富裕中产阶级旅游市场	1. 愿意花时间陪伴家人、供养家庭以及享受更多的度假时光 2. 认为旅游是一个常见的激励因素，并且期望在旅途中获得体验的升级 3. 偏好有文化品位和小资格调的旅游目的地 4. 受教育程度比较高，普遍对旅游的服务态度要求较高

分类	类型特征
新青年文化旅游市场	1. 经济负担较小，时间充裕，对旅游文化和艺术品质要求较高 2. 对于创意型旅游较为关注，追求自主度高的旅游活动 3. 更多地注重在旅游中结交有知识同品位的旅伴 4. 偏好各种古镇、古街、原始风景
华侨华人寻根旅游市场	1. 对中华传统文化具有深厚情结 2. 对故乡、族群和各类乡土产品接受度更高 3. 将寻根祭祖作为人生大事来看待 4. 既是本土文化的学习者，又是传播者

第 六 章

总体规划方案

第一节　规划空间结构

经过综合分析，台山中国农业公园的规划结构整体为"四心两轴四片区多个组团"："两轴"分别为东西向的生态旅游发展轴和南北向的湾区城镇发展轴；"四心"和"四片区"分别是以都斛为旅游核心的现代农旅片区，以斗山为旅游核心的侨乡文化片区，以广海为旅游核心的"海丝"休闲片区，以大隆洞为旅游核心的生态度假片区。

第二节　道路和游憩系统规划

一、道路系统规划

规划在现状发展的基础上，依据上位规划及根据发展需求，打通对外交通廊道，构建开放式交通骨架，升级疏通镇村公路，按"南北升级、东西延伸、内部优化"的道路构建方式，建立功能明确、快速通畅的现代化交通系统，充分提升对外交通和内部交通的效率，缩小城乡之间出行的差距，建立以镇区为中心结合周边行政村布置一体化的综合交通网络。

规划以现有路网为骨架，充分利用高速、省道，结合出入口，补充完善各项目点的毛细路网，形成高效、通达的道路系统。

（1）高速：依托西部沿海高速和新台高速的四处下道口，形成快速到达的交通核心。

（2）旅游干道：在各片区自驾车观光通道基础上，建设连接各区的自驾车衔接线路，注重沿线景观林带建设，沿途设置自驾服务节点，形成空间界面完整的旅游干道系统，依托274省道、365省道衔接珠三角绿道主线，融入区域绿道网络。

（3）慢行线路：在各旅游片区内部，构建慢行游憩空间。

（4）水上游览线路：依托斗山河、大同河水系和沿海海域，打造区域水上游览线路，串联成带，提供特色化的游览体验。

（5）观光铁路：将现有铁路文化投射到旅游项目，形成一条观光铁路。

二、游憩系统规划

结合规划道路路网设置三个园区主入口、五个园区次入口，并在各个功能片区内独立设置服务中心，同时规划自驾车观光游览线路、慢行观光游览线路和水上游览线路来完善园区的游憩系统规划。

1. 园区主入口

以高速公路出入口为依托，在新台高速斗山出入口、西部沿海高速广海、都斛出入口设置中国农业公园主入口，主要服务珠三角、江门、台山城区游客。

2. 园区次入口

依托国道、省道、西部沿海高速斗山出入口设置园区次入口，服务周边地区游客。

3. 片区入口

由于生态旅游区不直接和高速相连，在与侨乡文化片区相接处设置片区入口。其他片区入口依托园区主、次入口建设，不单独设置片区入口。

4. 片区主服务中心

片区主服务中心主要设置在各片区主入口附近，提供整个园区的旅游信息、资讯管理、导游、接待、购物、停车、卫生服务等。

5. 自驾服务中心

自驾服务中心选址在自驾基地附近交通便利的地方，为自驾游提供配套服务。

三、旅游公共配套设施建设

通过分级布局旅游公共配套服务设施，建设台山中国农业公园游客服务系统。

1. 综合游客集散服务中心

综合游客集散服务中心主要布置在园区和各片区入口处，提供整个中国农业公园的旅游信息、资讯管理、导游服务、接待宣传、投诉受理、医疗服务等功能。它包括接待中心、商务会所、餐饮酒店、医疗卫生站、展览馆、广场、购物商店、停车场地、治安管理站等。

2. 游客服务中心

在各片区主题区设置集旅游咨询、受理投诉、医疗急救等功能的游客服务中心，强化主题化服务，包括问讯处、医务室、治安管理点、专卖店、电瓶车租赁点、卫生间、地图导航等。

3. 服务咨询点

各重点项目内应设立服务咨询点，提供基本的购物、餐饮、休憩、卫生间、公用电话等，并在旅行社、住宿设施、餐饮设施、景区、购物点等场所公布咨询、投诉和应急救助电话。

四、旅游标识系统打造

台山中国农业公园整体打造两级旅游标识系统。

1. 一级标识系统

一级标识系统是台山中国农业公园的整体标识系统，包括台山中国农业公园的整体形象标识，区域入口、片区方向指引，范围涵盖自园区外各高速公路、主要通行道路，至各片区入口服务区。

外部指引：起宣传和指引作用，引导自驾车辆进入园区。

园区标志：设立在各交通要道与中国农业公园边界处，形成鲜明的公园形象。

内部指引：引导进入台山中国农业公园的车辆，包括在各高速出入口处表明位置和将到达片区。引导车辆至最近的公园入口服务区。

2.二级标识系统

二级标识系统从园区入口起，至各重点项目位置，包括入口标志、地图导航系统、重点项目指引，以及重点项目的位置示意、信息资讯、公共服务设施引导等。设计应符合各片区主题和文化要求，采用符合台山中国农业公园形象的标识系统。

第三节　村庄发展引导

一、村庄分类发展引导

美丽乡村规划的目标是"业兴、家福、人和、村美"。实现种植业或养殖业连片、规模、特色、绿色、高效发展，主导产业能够支撑农民持续稳定增收。农民人均纯收入位于本县、市、区、农牧区前列，农民人均纯收入增速高于本县、市、区、农牧区平均水平，基本消除贫困户。家庭和睦、生态文明、邻里融洽、社会稳定、公共秩序良好、文化生活丰富、农村社会养老保险和合作医疗保险全覆盖，适龄儿童都能上学。村民住房安全、实用、经济、美观，无危房，满足生产生活需要，基础设施和公共服务设施基本能够满足村民日益增长的物质文化需要。

新村建设需遵循"小规模集聚、组团式、生态化、微田园"的发展模式，本着宜聚则聚、宜散则散和尊重农民意愿、方便农民生产生活的原则，合理控制建设规模；充分利用林盘、水系、山林及农田，形成自然有机的组团布局形态；正确处理山、水、田、林、路与民居的关系，让居民望得见山、看得见水、记得住乡愁，以及对相对集中民居，规划出前庭后院，形成"小菜园""小果园"，保持"房前屋后、瓜果梨桃、鸟语花香"的田园风光和农村风貌。

核心区根据村庄产业基础不同，为促进农村特色产业发展，提高农民经济收入，差异化推进公共设施均等化，改善农民生活水平，加强文化传承与环境保护，优化农村环境质量。各村庄根据特点不同，分别配备相应的公共服务设施，且注重不同空间环境的塑造，呈现出村庄特色鲜明，产业连片发展，农民持续增收的一片和谐美丽新村场景。

根据"生产发展、生活宽裕、乡风文明、村容整洁、管理民主"的社会主义新农村建设目标，结合此前进行新农村建设规划的经验，在镇的城市规划和建设管理事权范围内，确定四个方面的内容进行村庄发展指引：明确发展的内容，协调镇域村庄发展的主要方向；落实城乡统筹，覆盖镇区以及所有农村居民点的基础设施供给；延伸公共服务，进行公共设施的镇域空间布局；促进农村建设，制订合理的村庄建设要求。

二、村庄公共服务设施

公共服务设施的配置按照分区服务的原则进行，在考虑设施服务强度的同时参考村民对各类设施的服务半径的距离敏感度，并针对村庄具体情况进行配置。如具备会议、流动图书室、行政等功能的文化大院，原则上每个行政村配置一个，但是根据规划划定的村庄级别，对中心村落所在的文化大院提出更高的要求，建议这些文化大院兼作成人教育、农技培训场所；小学、社区卫生服务站因为布局合理基本均予以保留，同时根据小学在校生逐年减少的情况，规划建议依托中心村落的小学增加学前班、托儿所，将来在条件允许的情况下可以新建幼儿园。

基础设施分成生存型和提高型两类，严格按照村庄分级体系进行配置。生存型设施包括给水、排水、电力、环卫、消防等设施，所有村庄均进行布置；提高型设施包括公共浴室、新能源（热力、燃气、太阳能）等新建设施，仅在中心村落和中心村布置。需要说明的是，同一类基础设施在不同级别的村庄里的配置是不同的，级别高的村庄配置的设施建设水平也较高。

在中国农业园这样一个特色化发展地区，对于不同类型的村庄，需进行有针对性、差异化的公共设施配置和风貌引导。

三、村庄风貌引导

规划选取具备交通优势和资源优势的村庄进行先期的风貌引导整治，以期实现重点区域整体环境的快速改善。从可达性和视线控制范围方面考虑，选取高速下道口 3km 快速可达范围内、高速路两侧 1.5km 视线控制范围内的村庄，以及全部的资源带动型村庄，通过农村、农业、农民三个层次进行整体村庄风貌指引，如图 6-1 所示。

图 6-1　村庄风貌引导图

（一）农村层面

通过旅游发展建设带动村庄设施提升与美化改善村庄环境，让农村有个崭新的面貌，摆脱以往脏、乱、差的景观格局，为游客吃、住、行、游、购提供舒适、便捷的服务设施。

（二）农业层面

通过产业结构调整，促进农业现代化发展，推动农业产业向特色化、品质化、多元化发展；构建农业景观格局，配合旅游安排种植景观营造，获得政府补贴等额外收入，改善农业现状生产收入低的局面。

（三）农民层面

鼓励农民通过特色种养、开设农家乐、乡村酒店、旅游服务、现代农业服务等多种形式参与现代农业生产和休闲农业产业发展，提高当地居民就业率，增加农民收益，提升整个村庄的整体经济水平。

第四节　公共服务设施规划

一、规划目标及原则

本着公共服务设施均等化的原则，整合项目区内的社会服务设施资源，构筑网络化、多元化、特色化、分层次的社会服务设施系统，同时针对核心区人口年龄结构的特点，适度强化部分公共服务设施，并根据各乡镇的职能定位，配备产业关联服务设施。

（一）均等化

城乡居民享受教育和医疗等公共服务设施，机会均等、结果均等。

（二）集中化、规模化

兼顾运行效率和服务便捷，合理确定设施规模，实现服务集中化和规模化。

（三）特色化

针对地区自身的特点，特色化配置公共服务职能。一是针对项目区留守老人、儿童数量较多、比重较大的特点，实施特色化配置，提高公共服务质量，设置留守老人、儿童照料中心，建立寄宿制学校或设置校车接送，开展巡回医疗、文化进村活动等。二是针对地区自身的道路坡度大、出行时间较长的特点，配置公共服务设施需适度缩小设施服务半径。

二、公共设施配置依据

（1）协调各镇总规划对于村庄公共服务设施的配置要求，在行政村宜配置基础幼儿园、文化馆、卫生设施等公共配套设施。

（2）考虑到区域农业旅游的特色化发展，村庄作为基础旅游服务平台，需要针对性配置面向游客的公共设施。

三、公共设施配置标准

（一）资源带动型村庄

有条件配置基础幼儿园、文化馆、卫生设施等公共配套设施，配置旅游型的商业设施、展览设施。

（二）城镇辐射型村庄

维持现有的公共设施，其他公共服务倚靠城镇。

（三）独立发展型村庄

配置基础幼儿园、文化馆、卫生设施等公共配套设施，有条件配置小学。

第五节　空间管制规划

一、规划目标

空间管制是优化城镇格局和资源配置的重要手段。按照《城市规划编制办法》的要求，综合考虑自然环境条件、工程地质、用地性质和资源保护等多方面因素，划定禁止建设区、限制建设区、适宜建设区和已建建设区，不同地区分别实行不同的空间管制对策。

二、空间管制分区与管制措施

（一）禁建区

1. 禁建区范围

禁建区是为保护生态环境、自然和历史文化环境，满足基础设施和公共安全等方面的需要严格控制、禁止建设行为的地区。

禁建区包括台山中国农业公园内的基本农田、河流、湿地生态控制区、国家级公益林保护区、地形坡度在 25% 以上的地区、滑坡崩塌易发区、区域交通和高压电力线控制廊道、矿产资源禁止开采区等不易建设区域。

2. 禁建区管制要求

禁建区作为生态培育、生态建设的首选地，原则上禁止任何城市建设行为。禁建区范围一经依法划定，必须按有关法律法规和规定进行严格保护与管理，禁止与保护无关的任何建设行为。对于位于禁建区的农村居民点，严格限制任何农村建房、乡镇企业或其他建设活动，制订"迁村并点"计划，逐步搬出现有的农村居民点。位于禁建区的城镇建设用地应逐步退出。其具体管制措施如下：

（1）禁建区原则上禁止任何城乡建设行为，区内目前已有的、不符合资源环境保护要求的建设项目，要限期搬迁。

（2）实行最严格的耕地保护措施，切实保护耕地。

（3）严禁在主要河流、水库进行开发建设，主要包括各乡镇的河流水系。

（4）严格保护历史文化遗产，按照《中华人民共和国文物保护法》、文物保护相关规定进行保护整修和旅游开发。

（5）严禁在蓄洪区内进行建设，区内现住居民应逐步搬迁，切实保证防洪安全。

（6）严禁在地质灾害区和坡度大于25%的山地进行建设，鼓励退耕还林还草，结合迁村并点规划，对现有村庄实行生态移民。

（7）区域大型基础设施及其走廊通道是人民生产生活的重要保证，应予以严格保护，划出控制范围，控制范围内禁止任何建设行为。

（8）生态廊道是动物迁徙、基因遗传的重要通道，对于保护生物多样性意义重大，严禁在生态廊道保护范围内进行开发建设，阻断生物通道。

（9）此区由地方政府按照法规和行政规章的规定实施日常管理。

（二）限建区

1. 限建区范围

限建区主要是指为保护生态环境、资源，保护自然和历史文化环境，满足基础设施和公共安全等方面的需要，范围依法由城乡规划确定，区内原则上禁止城镇建设，交通、市政、军事设施、农村住宅等必要的建设行为必须对建设内容、规模、强度、密度等进行引导和控制的地区。

限建区包括河、湿地建设控制区；一般农田保护区；蓄滞洪区内通过工程设施建设达到抵御20年一遇洪水标准的区域；地形坡度介于15%～25%；矿产资源鼓励开采区和限制开采区；地质灾害中的易发区和低易发区。

2. 限建区管制要求

限建区一经划定，应根据不同限建类型提出具体建设限制与引导控制的调控要求。区内建设以引导与控制为主，对集中农村居民点要逐步配套各类社会设施和基础设施，鼓励人口集中。一般农村居民点禁止拓展宅基地，逐步搬迁至集中居民点，农村住宅建设等应按照程序报批方可建设。人文和自然景观资源周边地区应制定相应的设计导则和建设标准。非城镇建设区应对各类开发建设活动进行严格限制，不宜安排大型开发建设项目，确有必要的大型建设项目应符合城镇建设整体和全局发展的要求，并应严格控制项目的性质、规模、开发强度与空间形态。其具体管制措施如下：

（1）限建区要科学合理地调控开发建设行为，控制非农业建设规模、强度和农村宅基地、村庄建设占地标准，引导农村人口向城镇集中，区内不增、少增或缩减建设用地，以节约集约利用的土地。

（2）积极引导农民向城镇集中，有计划实行迁村并点，推进土地整理和复垦，确保建设与耕地占补平衡。

（3）适度建设必要的农业基础设施，鼓励发展高效种植业。

（4）鼓励植树造林，提高农田林网化率，改善农业生态环境。

（5）限建区地方政府按权限划分，实施日常管理。

（三）适建区

1.适建区范围

适建区是指除禁建区和限建区以外的地区，在建设适宜性上，高于禁建区和限建区中各要素要求的区域，是建设发展优先选择的地区。

2.适建区管制要求

适建区中的建设行为应根据资源环境条件，在保障生态资源的情况下，科学合理地确定开发模式、开发规模、开发强度和使用功能等。

场镇建成区应积极落实总体规划，严格执行规划控制性内容，编制重要地段修建性详细规划,指导城镇各项建设活动。其具体管制措施如下：

（1）适建区是区域发展的重要区域，应积极采取科技、金融和人才方面的优惠政策和措施，支持本区域的发展。

（2）城镇建设应遵守《中华人民共和国城乡规划法》及相关规范标准的规定。

（3）严格控制城镇建设用地指标，尽量少占耕地，合理利用土地资源。

（4）鼓励和促进旧城区改造。

（5）注重协调城镇建设、工业布局与自然环境的关系,通过经济、行政、法律等多种手段严格限制污染型、高耗型产业的发展，加大科技投入，积极鼓励节能型、节地型、节水型产业的发展。

（6）在批准改变用途前，区内农用地应按原用途继续使用，不得提前撂荒、废弃。

（7）矿产资源的开发应注重整合资源，规范秩序，合理布局，提高综合利用效益。

（8）适建区由地方政府按本规划及城镇总体规划的要求实施日常管理。

（四）已建区

1. 已建区范围

已建区是规划基期确定的已有城乡、村庄建设用地的地区。

2. 已建区管制要求

应遵循挖掘历史文脉和彰显镇村风貌的原则，有机保护镇村特色。其具体管制措施如下。

（1）城镇更新应本着统一开发、集中改造的原则。

（2）重点改善镇村交通、市政基础设施、公共服务设施、居住环境等方面，逐步完善镇村开放的空间系统。

（3）考虑台山中国农业公园生态环境的特点，创造生态宜居环境，实现镇村的可持续发展。

第六节　环境保护规划

一、保护目标

到 2020 年，台山中国农业公园水土流失基本得到控制，污染物实现达标排放，生态环境和人居环境明显改善，林业产业结构更趋合理；森林、河流等重要生态资源得到有效保护。

到 2030 年，台山中国农业公园生态环境和人居环境达到国内先进水平，环境污染得到全面治理，生态系统恢复良性循环，大气环境质量稳定在国标二级标准，河流水系水质达到国家相应地面水环境质量标准，其中水源水系水质一级保护区不低于国家地面水环境质量 II 类标准，二级保护区不低于国家地面水环境质量 III 类标准，一般水系达到国家地面水环境质量 IV 类标准。场镇污水集中处理率达到 100%，生活垃圾和固体废弃物综合利用和无害化处理率达到 100%，噪声环境达到国家城市区域环境噪声标准的要求，基本实现社会、经济与环境保护的可持续协调发展。建设成为生态环境优美、人与自然和谐相处的资源节约型和环境友好型的中国农业公园。

二、保护策略

（一）坚持以人为本，可持续发展

突出人的全面发展和社会的全面进步，注重台山中国农业公园广大农村地区生活质量和人居环境的改善。加强经济和社会可持续发展能力建设，大力发展循环经济，提高资源利用效率，推行清洁生产，使台山中国农业公园经济社会发展与资源环境承载力相适应。

（二）构建高效的生态保护方式

转变"被动"的生态保护方式。通过对自然资源进行有效整合，在一定时期的生态环境承载力内，挖掘自然生态环境的社会经济价值，适度发展生态旅游和休闲观光农业，并将一定比率的收益回用于生态环境的保护和建设中，建立长效稳定的保护与开发的联动机制，以积极主动的方式实施区域生态环境保护。

（三）坚持统筹规划，协调发展

正确处理经济社会发展与生态环境保护的关系，坚持全局观念，统筹规划，依据生态功能分区和各地特点，选择重点领域和重点区域进行突破，循序渐进地全面推进，促进区域协调发展，城、乡协调发展和经济、社会协调发展。

（四）合理配置空间资源，统筹城镇与资源环境发展

划定禁止和限制建设区，有效保护森林、水系等重要的生态资源和生态敏感区。

（五）坚持保护优先，防治并举

切实加强生态环境的保护，充分认识保护环境就是保护生产力，破坏环境就是破坏生产力，建设环境就是发展生产力。在加大生态环境建设力度的同时，必须坚持保护优先、预防为主、防治结合，彻底扭转局部地区边建设边破坏的被动局面。

（六）按照保护优先、开发有序的原则

加强生态林地的建设和保护，加强湿地、生物等生态资源的开发利用与保护。积极进行农业园区、生态廊道、场镇公共绿地等生态环境建设。

三、土地资源保护策略

（一）严格保护耕地特别是基本农田

认真贯彻"十分珍惜、合理利用土地和切实保护耕地"的基本国策，把基本农田的保护放在首位，强化基本农田的数量、质量和生态全面管护。确保通过土地整理、开发、复垦、补充的耕地面积不低于建设占用耕地的面积，质量不降低。严格控制非农建设占用耕地，坚持建设占用耕地的占补平衡，加强农田基本建设，重点保护集中连片的基本农田，改造中低产田，保护和提升农业综合生产能力。

（二）统筹安排经济、社会发展和生态用地

新增建设用地要优先安排生态环境建设，交通、能源、水利等基础

设施建设和高新技术产业建设的项目。保证国家重点建设项目用地，适度安排旅游休闲用地。大力推进水土流失治理，坚持封山育林，发挥生态系统自我修复能力。防止污染向农村扩散和转移。

（三）优化城乡土地利用

优化城乡用地结构与空间布局，推动集体建设用地使用权流转，建立城镇与农村平等互利、良性互动的用地机制。调整村镇空间布局，按照建设村庄的要求，建立场镇—村庄两级居住区用地的空间布局。

（四）节约集约用地

坚持城镇用地增加与农村居民点用地减少相挂钩，开展村庄用地整理和工矿废弃地整理。推行农业向园区集中、农民向村镇集中、土地向业主集中，提高用地效率。

四、水资源保护策略

（一）构建多水源的水资源保障体系

根据台山中国农业公园核心区水源地的水质、水量情况，镇区生活饮用水以大隆洞水库等水源地为主要水源，村庄与场镇联网统一供水。

（二）节约水资源，建设节水型社会

要综合运用法律、行政、经济、技术、工程、宣传教育等措施，突出制度建设工作，不断提高用水效率和效益，促进水资源的可持续利用。要保障节水型社会建设的资金投入，深入推进涉水事务一体化管理体制。要结合本地实际，注重制度、体制和节水机制的创新，积极创造和总结经验，为全国节水型社会建设提供良好的示范。

节约水资源，提高水资源利用效率，不仅可以减少对水资源需求，缓解水资源供需矛盾，还可以减小供水工程规模和供水设施用地，节省运营管理费用；同时可减少污水产生量，减小污水处理工程规模和设施

用地，增加污水浓度，保障污水处理厂的处理效率。针对台山中国农业公园水资源的特点和目前用水情况，节约利用水资源的主要措施包括以下三个方面：

（1）对水资源进行统一规划与调配，减少自备水源，制定有利于水资源高效利用的政策与措施。

（2）节约用水。以农业节水为重点，推行节约用水。大力推广使用节水工艺、设备与产品，并通过制订合理水价和加强节水宣传，在整个台山中国农业公园形成节约用水的良好氛围。

（3）完善供水管网系统，应用新型供水管材，加强设备和管网维护，减小供水漏损率。

五、能源资源保护策略

（一）节能减排措施

能源节约的直接效益是减少对能源的消耗，缓解能源供需矛盾，减轻能源运输对交通的压力，减小能源供应设施规模和用地。间接效益是减少能源利用过程中污染物的排放量，如废渣、烟尘、SO_2 等，可以有效改善区域大气环境质量。

进一步提高能源利用效率，最大限度地实现节能与环保。积极开发和推广节能的新工艺、新设备和新材料，推动工业节能、建筑节能，推广应用新型的建筑体系和建筑材料，使中国农业公园核心区的节能水平达到国内先进水平。

加快新能源发展步伐，积极开发、利用新型和可再生能源。加快垃圾分类回收及再生资源回收利用体系的建设，实现生活垃圾资源化，并将秸秆气化与解决能源短缺、环保和农民增收有机地结合起来。

（二）主要清洁能源和可再生能源利用规划

大力发展清洁能源和可再生能源，有利于加强能源安全，减少常规能源的需求量和保持良好的大气环境质量。台山中国农业公园目前利用的清洁能源主要为天然气，可推广太阳能和生物质能等可再生能源利用。

1. 太阳能的利用

我国太阳能产业经过十多年的迅速发展，在规模、数量、技术、市场成熟度等方面都领先于世界平均水平。我国太阳能建筑领域中技术最成熟、应用范围最广、产业化发展最快的是家用太阳能热水器（系统），其次是被动式采暖太阳房。

2. 生物质能的利用

随着农村地区畜牧业发展和农民生活方式的转变，在既促进农业增产、农民增收的同时，也带来了禽畜粪便和生活污水的增加，对农村环境造成不利影响。另外，农村产生的大量秸秆也没有得到合理利用，燃烧秸秆不仅浪费了宝贵的能源，也污染了大气环境。

为充分利用农村的生物质能，应通过发展集中畜牧业，对禽畜粪便和污水进行妥善处置，有效回收、利用其中的生物质能。同时利用秸秆气化或秸秆压缩燃料或秸秆还田，给农村地区提供方便、清洁的能源。

第 七 章

产业体系构建

第一节 产业发展模式

项目区产业发展综合考虑产业基础、种植习惯、地形地势、水资源、市场需求、劳动力等多种因素，因地制宜，指引台山中国农业公园的产业布局。

种植空间模式如图7-1所示。依托项目区的海洋资源，发展远洋捕捞、海水养殖等产业；在沿海的海滩、滩涂及水资源丰富的区域，发展特色水产养殖、优质水稻种植。坡度在0°～10°的平地，资源条件优越，发展水稻、蔬菜、果品、休闲农业等多种形式的产业经营。坡度在10°～25°的丘陵地区，以林果业为主，发展林—果—药间作套种、"乔—草"符合发展等立体种植模式，实现开发与保护并重，增加经济效益。坡度大于25°的山地地区以生态涵养为主，优化经济林结构，逐步营建针、阔叶混交林，适度发展林下经济。

以农业生产为基底，依托台山市丰富的历史文化等资源，大力发展休闲农业与乡村旅游业，实现一二三产融合发展，以旅带农，以农促旅，农旅互促、融合发展。

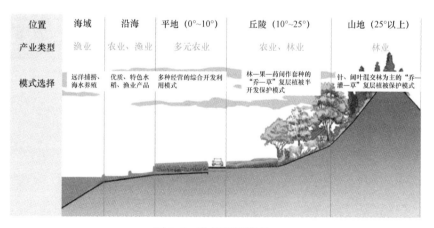

图 7-1 种植空间模式

第二节　粮食产业发展

一、产业现状

水稻种植基础好，蔬菜等其他特色种植业处于起步阶段，生产经营方式较为传统，规模、品牌效益较弱，市场竞争力不强。

二、市场消费趋势

（一）品牌高端大米开始走俏，年轻人成为市场消费的主体力量

高端大米越来越受到消费者青睐，而在中国，高端大米的发展还处于初期。据调查，小包装的高端米在广州部分超市的销售额在 2015 年 1 月以来同比翻倍增长，消费人群为年轻人。淘宝数据显示，中国人甚至花近 1500 元人民币买 5kg 日本大米。

（二）人均需求量趋于稳定，质量要求日益提高

第一，消费者对蔬菜品质的偏重使需求结构出现变化，一些营养价值较高的蔬菜品种（如西红柿等）增长趋势较快，而那些营养价值较低的蔬菜品种（如卷心菜等）增长较慢甚至出现负增长；第二，消费者十分重视蔬菜安全，也非常关注质量安全事件，激励生产者在食品安全问题上做出更大的努力。

三、发展指引

产业向品质化、高端化方向发展，创建台山中国农业公园特色农产品品牌，提升品质及附加值。

（1）通过保证土壤和水源健康、提升技术水平、培育新品种、建立规范体系等措施，保证农产品品质。

① 通过推广施用有机肥，控制面源污染，增加氧化塘，净化水源来

保证土壤健康。

②探索综合种养等技术，如稻虾、稻蟹混养等，提高资源综合利用水平。

③引进培育新品种，发展功能性农作物，重视农产品营养价值的提升。

④建立"三品一标""菜篮子"基地，树立农药规范、安全使用宣传牌。

（2）通过高端化产业模式发展特色产业，实施品牌战略。优化提升珍香米品牌的台山大米和台山优质特菜等产品的品质，延长产业链，提高品牌知名度。

（3）稳定粮食面积，优化粮食种植结构。推进万亩现代粮食产业功能区建设和调整优化粮食种植结构，冬季适度发展玉米和马铃薯种植。

（4）提升农业技术装备水平，发展园区农业，建设精品蔬菜种植基地。

①提升"广东第一田"优质稻产业基地建设水平，带动区域产业发展。

②实现适度规模经营，完善农业基础设施和装备，增强综合生产能力。

③大力促进新品种、新技术推广应用，强化科技创新与应用能力建设。

④探索农业社会化服务新模式。

⑤开展多元化精品种植，建立供港澳等精品蔬菜种植基地。

（5）展示广东、江门市粮食文化特点。广泛收集、研究整理广东、江门的民间粮食文化、粮食产销和储运文化、粮食行政和企业文化、粮食消费文化等，梳理广东、江门粮食文化的源流脉络，展示江门市乃至广东省粮食文化的演进发展规律、历程和亮点，弘扬传统优秀粮食文化。

第三节　养殖产业发展

一、产业现状

（1）渔业：产业发展基础好，鳗鱼养殖发展较规范，其余为传统养殖，休闲渔业基本缺失。

（2）畜禽：三鸟养殖为主，家庭养殖的模式基本形成，产业化的程度有待提升。

二、市场消费趋势

随着人民生活水平的逐步提高，对养殖产品优质化、安全性的要求越来越高，要求水产养殖尽快由注重数量增长向注重质量与效益提高方面转变。

三、发展指引

在稳定养殖规模的基础上，推动现代养殖业特色化发展。

（一）提升鳗鱼、南美对虾、青蟹等特色养殖产业集约化发展

对 100 亩以上的连片鱼塘开展高标准鱼塘整治，建成生态健康养殖小区。以生态健康养殖技术为依托，开展微电解水处理、底排污、粪便烘干等生态健康养殖模式的推广；适当发展设施养殖，建立特色高效的生态养殖示范区。

（二）适当发展远洋捕捞，中深海养殖

成立合作社，集中资金，加强远洋捕捞能力，发展深海、远洋捕捞；积极推进牡蛎苗、蚝苗等特色产业，适度发展中深海水产养殖业。

（三）优化养殖结构，实现生态养殖

发展健康生态畜禽养殖业；严格划分畜禽禁养区、限养区和适养区，限制分散、粗放型养殖，调控养殖规模；引导发展特色家禽养殖，适度发展草食畜牧业。

（四）开展休闲观光渔业

通过修建交通场站、餐饮、垂钓、特色鱼类观赏场馆等完善休闲渔业的配套设施建设，开发岭南渔乡文化游、垂钓度假游等不同形态的休

闲观光渔业。

第四节　林果产业发展

一、产业现状

森林绿化率较高，经营模式传统，品种杂乱，产出效益低下，林果休闲采摘项目较少。

二、市场消费趋势

我国城乡居民对水果的消费不仅要求数量，还对果品品质、质量安全、产品多样化等提出了更高的要求，主要表现在对优质特色水果、水果加工制品等的消费需求的增加，其中水果加工制品有果汁饮料等。

三、发展指引

发展优质特色林果种植，推进产业化经营。

（一）规模化经营，培育特色林果产业

借助生态工程技术，推动龙眼、荔枝等传统经济林果的发展，建设高标准生态果园。积极引进我国台湾优质果品如火龙果、猕猴桃等优新品种，以现代林果栽培管理制度和技术改造更新低效、低产果园，丰富水果种类，提升果品品质。

（二）加快生态林建设

通过商品林改造，建设生态景观林带。实施森林碳汇建设，开展乡村绿化美化工程。加强沿海滩涂红树林、沿海基干林带及沿海地区纵深防护林建设，重点保护红树林、珊瑚礁、海草场等典型的近海及海岸湿

地生态系统。

（三）农旅融合，生态林果景观化

建设集彩色苗木、花卉等生产、展示、服务等功能于一体的农旅综合发展项目，为项目区建设提供优质花卉苗木的同时，开拓苗木造型、花卉艺术展示观光等功能。种植景观效果较好的林果，以花果为载体，拓展都市休闲观光和采摘功能。以生态林为依托，配套服务设施，发展休闲度假游。

第五节　农产品加工及物流发展

一、产业现状

在物流加工产业中，除鳗鱼加工物流业外，其余产品加工物流发展较为初级，具有较大的提升空间。

二、市场消费趋势

一是主食加工业（方便食品制造业）的发展速度明显高于加工业平均水平。二是焙烤、糖果等休闲食品加工业发展迅猛。三是食用菌等健康功能食品加工业成为新的消费热点。四是农产品加工子行业收入增长快。

大数据时代背景下，农产品物流的发展向信息化、网络化、集成化、智能化方向发展。

三、发展指引

加强项目区加工物流环节发展，健全台山中国农业公园产业链，促进产业结构优化升级。农产品流通模式如图7-2所示。

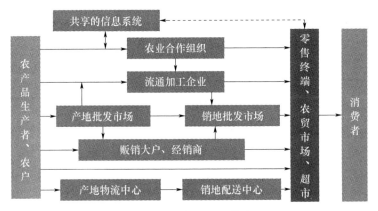

图 7-2 农产品流通模式

（一）调整优化产业结构

建立农产品加工园区，在龙头企业的带动下，在保证初加工的基础上，推进精深加工，拓展农产品增值空间。产品向安全性、营养健康性、功能性、方便快捷性食品方向发展；注重循环发展和综合利用，实现农业副产物循环利用、加工副产物全值利用和加工废弃物梯次利用。

（二）完善服务体系，搭建物流平台

重点加强农产品流通龙头企业、大型农产品交易市场和农村流通合作组织建设，抓好农产品配送中心、农产品销售旗舰店和社区店的布局发展，利用电子信息技术，搭建全市农产品电商平台，健全农产品电商流通体系。建立物联网追溯体系，保障农产品安全，实现农产品仓储统筹，优化农产品物流配送环节。

（三）深化产业融合，发展旅游产业

围绕特色农产品加工，开展鳗鱼加工工业游等工业观光旅游，实现多产业融合发展。建设特色农产品展览馆，定期举办农产品展销活动，提升园区产品知名度。

第六节　休闲农业与乡村旅游发展

一、产业现状

休闲农业（图7-3）乡村旅游资源丰富，发展较为初级，处于起步阶段。

图7-3　休闲农业示意图

二、发展指引

整合区域资源，完善区域旅游格局，提升休闲旅游服务水平和产品品质。

（一）农耕体验游

以农业为基础，结合经济林果种植、景观生态林建设及特色水稻种植，依托区域地形特点形成大地景观农业，各时节开展主题赏花、采摘、农事体验等休闲旅游项目，推动农旅互促发展。

（二）侨乡文化游

以农业和乡村双核为驱动，开展侨乡历史文化展示宣传与体验：提升政治特色村庄，创新休闲农庄、民宿、乡村酒店等多种业态，融合侨乡文化资源、特色民俗，开展休闲体验、文化传承、休闲度假等多功能。

（三）"海丝"卫城文化游

结合良好的岸线资源及"海无宁波"公园、广海卫城遗址等历史文物遗迹的保护，开展以滨海旅游为支撑，"海丝"卫城文化及客家文化相互融合发展的复合型旅游。

（四）生态度假游

在自然风光较好的端芬镇配套完善的基础设施，在山区丘陵发展生态度假休闲旅游。

第八章

分区规划指引

台山中国农业公园综合统筹台山市农业、文化、景观、旅游、乡村等资源，以现代农业产业为基底，以侨乡文化、"海丝"文化、粮食文化为纽带，以大力促进发展休闲旅游业为重心，规划台山中国农业公园不仅具有原料供给、食品保障、就业增收、生态保护功能，并且具有观光度假、康体养生、休闲旅游功能。园区的发展将整体规划打造成为现代农旅、侨乡文化、"海丝"休闲、生态度假的多功能片区。片区发展模式如图8-1所示。

台山市现代农业

广海湾、港澳、珠三角经济区

图 8-1　片区发展模式

现代农旅片区：利用其原有的广东省万亩水稻高产示范片的设施基础及科技基础，通过技术装备的提升，在水稻生产方面实现科技示范带动、生产体验、产品销售等，同时整合花卉苗木、休闲渔业等产业，打造台山现代农旅区域，传承农耕文化文明和体验现代农业科技，具有现代农业生产、科普教育、休闲观光、生态旅游等功能。

侨乡文化片区：利用区内深厚的侨乡文化底蕴，依托海口埠、特色建筑及林果产业等，再现侨乡文化的繁荣景象，集中打造侨乡文化传承、侨乡民宿体验区。

"海丝"休闲片区：利用其优越的岸线资源，深厚的"海丝"卫城文化底蕴等，打造以滨海旅游度假、休闲渔村体验为主的"海丝"休闲文化片区。

"生态"度假片区：利用其优越的生态资源大隆洞水库、凤凰峡等，低密度开发，打造生态景观观光、峡谷度假特色片区。

台山中国农业公园通过四个片区差异发展，功能互补，形成"四园支撑，圈层带动"的功能格局，引领台山市农业、农村发展，辐射带动周边区域乡村经济、现代农业、休闲旅游的发展。

第一节　现代农旅片区

一、开发思路

（一）旅游发展思路

将都斛、赤溪镇的水稻、湿地、滨海、山林地等资源进行整合提升，植入各类旅游项目，配套自驾营地、游船码头、游客服务站等旅游基础设施，将其打造成为浪漫休闲营地主题区、探险运动主题区、水稻文化主题区、滨海湿地温泉主题区、花卉苗木主题区和休闲渔业主题区等六大主题功能区的现代农旅片区。

（二）产业发展思路

产业发展内容主要包括水稻种植、花卉苗木种植、渔业养殖、海洋捕捞等，并且充分与旅游相结合。

二、总体目标

现代农旅片区的总体目标是打造以水稻主题游为主，与滨海温泉、山林等旅游高度融合的珠三角度假游憩目的地。

三、经济效益

现代农旅片区的经济效益主要来自水稻种植、花卉苗木种植、垂钓、餐饮、住宿、亲子体验、休闲运动等项目。

四、片区空间结构布局

（一）水稻文化主题区

依托万亩水稻高产示范片，建设稻田艺术博览园、稻文化体验园，展览馆、万亩稻田示范田、稻田农耕体验等项目，是体现稻米文化、先进水稻生产技术，以及广东、江门粮食文化发展历程和亮点的主题区，片区的旅游门户。

（二）滨海湿地温泉主题区

以温泉体验及湿地公园观光体验为主体，打造独崖岛滨海温泉，形成以温泉体验＋海景欣赏为重点的主题区。

（三）探险运动主题区

依托猛虎峡漂流周边的山地区域，开展登山、溜索、蹦极、漂流、滑草、攀岩、朔溪、山地自行车等运动项目，构建以探险运动为重点的主题区。

（四）浪漫休闲营地主题区

北部入口处国道直达，自然环境优越，山地、稻田、谷地完美结合，和探险运动基地形成"由静至动"的旅游节奏，与花卉种植结合打造房车营地、热气球休闲营地等项目，以浪漫休闲为重点的主题区。

（五）花卉苗木主题区

合理利用县道两侧地区交通便利的山地资源，结合小金水库水源，与护岭公园建设相结合，种植彩色苗木，创建色彩丰富、连片发展的苗木主题区，重点打造彩色苗木专类园、苗木主题庄园等项目。

（六）休闲渔业主题区

南部马洲、曹冲等位于海岸沿线的村庄，山海结合、环境优美，滩涂资源丰富，海洋渔业、养殖渔业较为发达，原生态渔村的格局保留较好，适宜发展度假休闲渔庄、休闲渔业风情体验园、森林公园等，是体现传统渔村文化特色的主题区。

五、游憩系统与道路规划

游憩系统规划通过与路网相结合，增设自驾车观光游览线路、水上游览线路和慢行游览线路。配设多个服务设施点与指示标牌，完善其现代农旅片区内部的游憩系统，让游客身处片区中能够体验优质的服务。

（1）向外衔接：片区主要通道门户是西部沿海高速及365省道。

（2）自驾车游览线路：主要在365省道、547县道基础上进行景观改造和功能拓展。

（3）慢行游览线路：在原有乡村道路基础上进行景观改造和功能拓展，建设以步行、自行车等为主的游览路线。

（4）服务设施点：规划3处入口门户与游客服务站、2处生态自驾营地和4处游船码头。

六、重点项目

（一）万亩优质水稻生产示范田

1. 建设地点

该项目位于莘村等万亩水稻田。

2. 建设规模

建设规模为10000亩。

3. 建设内容

通过规模化、功能化种植和立体种养等模式，打造万亩优质水稻生产示范田。推广有机肥、氧化塘等生态技术，建设规模化绿色生态稻米标准化生产基地，严格按照绿色有机食品安全要求进行标准化生产。引进富硒稻米、彩色稻米等功能性品种。种植模式上采用莲稻轮作方式，同时结合稻鸭、稻蟹、稻鳅等立体养殖模式提高稻田的利用率和收益，实现生态种养。

4. 运营策略

在基础建设层面，政府做好万亩水稻田基础设施的建设和配套，引导农民成立合作社经营及服务。在经营层面，建立电商平台，构建优质产品供应基地，与企业或者大型商超合作售卖有机及绿色稻米。

5. 投资效益

项目总投资约为1000万元，主要是加强田间建设，不含种植投资。赢利点在于稻米销售，参观游览。年产值预计为4000万～5000万元。

（二）高效科研生产示范基地

1. 建设地点

项目位于莘村等万亩水稻田。

2. 建设规模

建设规模为100～300亩。

3. 建设内容

通过科研、农业信息及技术推广应用、加工和种苗繁育来打造水稻高效科研生产示范基地。科研方面建立专门的科研培训机构，设立100亩试验基地，设立组培、分析检测、生理生化等专业性实验室。建立农业信息服务平台，全程监控生产，及时发布农业政策、实用技术、三农动态、科技成果、市场供求、招商引资、专家人才等信息，积极开展农业信息技术的推广应用。引进培育优良品种，提高育种技术，繁育优质种苗。适度发展稻米加工产业，实现谷糠、秸秆等副产物的循环利用。

4. 运营策略

采取政府、"政府＋科研单位"和"政府＋企业＋科研单位"等建设模式。

5.投资效益

项目总投资约为 100 万元，主要是加强田间试验建设，不含种植投资。赢利点主要在科研技术产出，包括种苗售卖，专利售卖转让收费、技术推广应用等。年产值预计为 60 万～100 万元。

（三）稻米文化体验园

1.建设地点

建设地点在莘村稻田。

2.建设规模

建设规模约为 500 亩。

3.建设内容

通过农耕体验馆和稻乐园打造稻米文化体验园。农耕体验馆主要利用空置建筑来打造，围绕水稻开展农耕历史展示及参与体验活动。同时与周边稻田相结合，开展体验插秧、收割等农事活动，恢复打谷场，体验稻米的晾晒加工等，塑造返璞归真的田园生活。稻乐园主要营造自然景观、人文环境，开辟一方园子，建设景观小品，养殖观赏鱼，开展赏景、品茶，同时可陪同孩子开展挖藕、垂钓、抓泥鳅、摸田螺等趣味活动，"远离城市喧嚣，体验田园乐趣"。

4.运营策略

政府负责基础设施建设，农民出租土地，企业租赁土地进行开发、经营。

5.投资效益

总投资约为 1000 万元；赢利主要来自游览体验性消费；年产值预计为 400 万～600 万元。

（四）"星期天的家"美食街

1.建设地点

位于都斛镇区，打造特色美食街，包括台山海鲜、牛肉、擂糖糊等各种地方美食，用美食体现台山的文化风情。

2. 建设规模

建设规模为 50 ~ 100 亩。

3. 建设内容

依托都斛镇海鲜交易基础，利用当地特色街区，构建以海鲜为主的特色美食街，人们在这里品尝最新鲜的海鲜美味、台山最正宗的水步牛肉、赤溪擂糖糊等；利用节庆活动，开展集市主题活动，定期打造长街宴，同时开展当地特色产品展销。

4. 运营策略

政府监管，私人持有，对外招商运营或者自营；其招商对象为品牌海鲜餐饮机构。

5. 投资效益

总投资约为 1500 万元；赢利点在餐饮消费和商品销售；年产值预计为 1000 万 ~ 1200 万元。

（五）湿地公园、独崖岛滨海温泉公园

1. 建设地点

位于都斛镇莘村以东地段的滩涂湿地、独崖岛、稻田景观、温泉资源。

2. 建设规模

湿地公园、独崖岛滨海温泉公园建设规模为 3000 亩。

3. 建设内容

湿地温泉公园以"自然、生态"为核心，构建由石块堆积的温泉、稻田、湿地景观、候鸟等要素组成的温泉湿地公园，打造滨海"海天一色"的自然式温泉景观。

庭院会议中心：与城市中心、商务会议中心形成显著差异的庭院式国际会议中心。

水上汤屋：构建露天挑台及半室内温泉泡池的吊脚楼形式的水上汤屋。

露天温泉：结合海风、海景，打造海边露天温泉，"泡温泉、面向大海享受宁静"。

温泉疗养：建设集健康管理、温泉水疗、中医理疗为一体的温泉疗养中心。

4. 运营策略

政府负责前期规划建设，制定招商策略，企业租赁建设。

5. 投资效益

总投资约为 17500 万元；赢利主要来源于经营观光、疗养消费、温泉消费、会议租赁及餐饮住宿消费；年产值预计为 6000 万～8000 万元。

（六）主题度假庄园

1. 建设地点

在赤溪湾水体与蕉田、黄茅田黄茅海海岸、北峰山荒地。

2. 建设规模

建设规模约为 1000 亩。

3. 建设内容

金海鸥红树林度假村：依托湿地观鸟揽胜，打造生态美食街、水上酒店、湿地公园等项目。

金田海湾度假城：度假酒店包括五星级酒店、独栋度假别墅等，依托白海豚资源建设海洋生态中心，开展生态海洋教育游。

台山水木芳华旅游度假区：集"乡村生态度假""山林养生""冰泉养生""核电科普教育""绿健康体验""运动康体休闲"等九大功能。

4. 运营策略

村委会与企业共同开发，集体土地入股，享受分红，企业引资管理公司，统一管理运营。

5. 投资效益

总投资约为 10000 万元；赢利主要来源于住宿、餐饮、养生服务；年产值预计为 4000 万 ~ 5000 万元。主要重点项目投资效益详细估算见表 8-1，项目库见表 8-2。

表 8-1　主要重点项目投资效益详细估算

分区	重点项目	建设规模	单位	投资单价（万元/亩或元/m²）	投资合计（万元）	预计亩均年产值（万元）	游客数（万人）	预计人均消费（元）	预计年产值（万元）	备注
现代农旅片区	万亩优质水稻生产示范田	10000	亩	0.1	1000	0.4~0.5			4000 ~ 5000	投资主要为加强田间建设，不含种植投资
	高效科研生产示范基地	100 ~ 300	亩	0.2	100				60 ~ 100	投资主要为加强大田试验建设，不含种植投资；产出主要为科研技术，体现技术性，产值为长期效应，均摊到每年
	稻米文化体验园	500	亩	2	1000		8 ~ 12	50	400 ~ 600	
	"星期天的家"美食街	50 ~ 100	亩	20	1500		10 ~ 12	100	1000 ~ 1200	

续表

分区	重点项目	建设规模	单位	投资单价（万元/亩或元/m²）	投资合计（万元）	预计亩均年产值（万元）	游客数（万人）	预计人均消费（元）	预计年产值（万元）	备注
现代农旅片区	湿地公园、独崖岛滨海温泉公园	3000	亩	湿地公园投资单价为1万元/亩；温泉公园投资单价为30万元/亩	17500	60~80	100		6000~8000	湿地公园占地2500亩，温泉公园占地500亩
	主题度假庄园	1000	亩	10	10000	20~25	200		4000~5000	

表 8-2　项目库

序号	项目名称	建设区域（项目落地）	项目类型		发展导则（△辅助建设、▲主导建设）		
			品牌主打项目	配套建设项目	政府建设	招商项目	提升项目
1	现代农旅片区	都斛					
1.1	浪漫休闲营地主题区						
1.1.1	浪漫休闲营地	园头村		▲	△	▲	
1.1.2	入口门户旅游服务站	园头村		▲	▲		
1.2	探险运动主题区	都斛					
1.2.1	运动探险基地	猛虎峡	▲			△	▲
1.2.2	田美运动设施售卖街	田美村	▲			▲	
1.2.3	木屋生态酒店	南坑水库东部林地	▲			▲	
1.2.4	企业活动中心	任庆里	▲			▲	

序号	项目名称	建设区域 （项目落地）	项目类型		发展导则 （△辅助建设、▲主导建设）		
			品牌主打项目	配套建设项目	政府建设	招商项目	提升项目
1.3	水稻文化主题区	都斛					
1.3.1	万亩优质水稻生产示范田	莘村	▲		△		▲
1.3.2	高效科研生产示范基地	莘村	▲		▲		
1.3.3	稻田艺术博览园	莘村	▲		▲	△	
1.3.4	稻米文化体验园	莘村	▲		△	▲	
1.3.5	稻香人家	莘村	▲		△	▲	
1.3.6	展览馆	莘村	▲		▲		
1.3.7	"星期天的家"美食街	都斛海鲜街	▲			△	▲
1.3.8	入口门户旅游服务站	下莘村 （靠近高速下道口）	▲		▲		
1.4	滨海湿地温泉主题区	都斛					
1.4.1	湿地公园	莘村东部滩涂区域	▲		▲	△	
1.4.2	温泉公园	莘村东部滩涂区域			▲	△	
1.4.3	独崖岛滨海温泉公园	独崖岛	▲		△	▲	
1.4.4	湿地水上走廊	都斛滩涂					
1.5	花卉苗木主题区	赤溪					
1.5.1	多彩苗木专类园	东坑村	▲		▲	△	
1.5.2	乡村酒店	公平村		▲		▲	

续表

序号	项目名称	建设区域 （项目落地）	项目类型		发展导则 （△辅助建设、▲主导建设）		
			品牌主打项目	配套建设项目	政府建设	招商项目	提升项目
1.5.3	苗木主题庄园	护岭		▲	▲	△	
1.6	休闲渔业主题区	赤溪					
1.6.1	乡村休闲度假渔庄	曹冲村		▲	△	▲	
1.6.2	马洲休闲渔业风情体验园	马洲		▲	△	▲	
1.6.3	上塘森林公园	上塘		▲	▲		
1.6.4	金海鸥红树林度假区	赤溪湾	▲			▲	
1.6.5	金沙湾度假区	黄茅田	▲			▲	
1.6.6	水木芳华度假区	北峰山	▲			▲	

第二节 侨乡文化片区

一、开发思路

（一）旅游发展思路

将斗山镇、端芬镇南洋建筑、岭南建筑、古街区、传统港埠、铁路文化等丰富的侨乡历史文化遗存资源整合提升，植入农业主题项目，通过梳理旅游线路，配套自驾营地、游船码头、游客服务站等旅游基础设施，打造浮石主题区、铁路文化主题区、五福乐园主题区、海口埠主题区、影视主题区、侨圩文化主题区和建筑与儒家文化主题区七大主题功能区，构建侨乡文化旅游区。

（二）产业发展思路

产业内容主要包括水稻种植和鳗鱼养殖、特色果品等，注重与旅游资源的结合。

二、总体目标

侨乡文化片区主要构建以侨乡民俗体验为特色，"海丝"文化、汀江文化与农业生态高度融合的旅游度假目的地。

三、经济效益

经济效益主要来源于侨乡文化传承展示、侨乡民俗住宿、鳗鱼养殖、水果种植、乐园娱乐、地方特产、特色饮食等。

四、片区空间结构布局

侨乡文化片区主要构建以下七个主题功能区。

（一）浮石主题区

以浮石历史文化名村为主体，涵盖飘色技艺工坊、农产品加工与体验园等项目的主题区，是片区的旅游门户。

（二）铁路文化主题区

以斗山古街区为依托，包括陈宜禧纪念广场、斗山河龙舟会等旅游项目，配套游客服务中心、商业酒店等旅游服务设施的综合旅游区。

（三）五福乐园主题区

以浮月村南洋建筑民宿体验和五福村观光与风情体验为主体，打造农业嘉年华主题乐园，构建以侨乡文化体验及农业游乐为重点的主题区。

（四）海口埠主题区

海口埠主题区包括海口埠风情体验区和东宁里岭南建筑民宿体验区，打造丰富的水上游览项目，体现侨乡港埠文化特色。

（五）影视主题区

围绕梅家大院，打造旅游影视基地、影视博览交易基地等项目，重点发展影视服务功能。

（六）侨圩文化主题区

在成务学校基础上衍生侨圩书院、侨圩文化展馆等项目，发展上泽圩、汶央村民宿体验功能，结合利众生态园、欧式农业观光园，构建侨圩文化与生态农业并重的主题区。

（七）建筑与儒家文化主题区

建设庙边学校私塾大讲堂、翁家楼建筑博物馆、李璧学校儒家文化广场，并开展举人村观光与风情体验，构建体现丰富建筑文化和儒家教育文化的主题区。

五、游憩系统与道路规划

游憩系统规划通过与路网相结合，增设自驾车观光游览线路、水上游览线路和慢行游览线路，设置多个服务设施点与指示标牌，完善侨乡文化旅游区内部的游憩系统，让游客身处片区中能够体验优质的服务。

（1）向外衔接：片区主要通道门户是浮石273省道，另外还有3处通道门户，包括斗山273省道、梅家大院274省道和翁家楼543县道。

（2）自驾车游览线路：主要围绕274省道、546县道和273省道进行景观改造和功能拓展。

（3）慢行游览线路：在原有乡村道路基础上进行景观改造和功能拓展，是以步行、自行车等为主的游览路线。

（4）服务设施点：规划4处入口门户与游客服务站、4处生态自驾营地和7处游船码头。

六、重点项目

（一）岭南佳果种植基地、休闲农庄

1. 建设地点

休闲农庄依托欧式农业观光园、利众生态园建设，岭南佳果种植基地建议依托休闲农庄周边场地建设。

2. 建设规模

岭南佳果种植基地、休闲农庄的建设规模各为100～300亩。

3. 建设内容

瓜果种植：严格按照绿色有机安全要求进行标准化生产，提高质量；结合果—蔬、果—菜、果—药等立体种植模式，提高经济效益。

休闲采摘：丰富瓜果品种，引进杨桃、黄皮、莲雾、我国台湾长果桑、圣女果、番木瓜等采摘种类；实现一年四季、不同地带果蔬采摘。

创意游乐：构建以瓜果果实、果树、花朵及吉祥寓意为原型的创意景观、休闲空间、动漫体验项目等，如苹果小镇中设置苹果屋、苹果路灯、苹果城堡、苹果休闲椅等。

4. 运营策略

项目建设采取自主经营＋合作经营的运营模式，由政府组织、企业主导、农民参与，或者政府招商，企业运营管理。

经营层面，种植绿色有机瓜果提高农民的生产收益，拓展休闲采摘等活动，借助人气打造创意游乐、特色度假等项目满足不同群体的需求。

5. 投资效益

总投资约为1000万元；赢利主要来源于住宿、餐饮、采摘以及销售；

年产值预计为 600 万 ~ 800 万元。

（二）鳗鱼养殖基地

1. 建设地点

位于东宁里北部鱼塘连片地区。

2. 建设规模

建设规模约为 5000 亩。

3. 建设内容

通过规模化、标准化养殖，改变传统养殖模式，积极发展温流水式养殖及加温循环过滤式养殖，提高养殖效率。

引进培育人工养殖鳗鱼的优良品种，缩短养殖周期，推广养殖新技术，研制鳗鱼加工中副产物的利用，提高效益。

养殖基地建设标准化的养殖池、独立的进水、排水系统，供电系统（自备发电机），供热系统、增氧机、运输车信息采集计算机、显微镜、水质监测仪等。整个项目占地规模为 5000 亩，养殖塘约为 4400 亩，其中养鳗综合房占地约为 100 亩，鳗鱼池建设为 4300 亩，其中幼鳗养殖池为 1100 亩，成鳗鱼精养池为 3200 亩。

4. 运营策略

建设层面主要采取"政府＋企业＋科研院所"的运营模式，实现规模化、高效化鳗鱼养殖。

（三）百渔乐园

1. 建设地点

位于东宁里北部鱼塘连片地区。

2. 建设规模

建设规模为 3000 ~ 5000 亩。

3. 建设内容

在传统垂钓的基础上，发展观赏鱼养殖，同时引入摸鱼、套螃蟹、钓青蛙、抓大虾等，将渔的玩法做到极致。结合鳗鱼加工，构建观光通道，开展鳗鱼加工工业游及鳗鱼宴等体验项目。

4. 运营策略

主要建设模式为"政府＋企业运营＋科研院所"，实现规模化、高效化的生产，并开展观赏娱乐、加工体验等项目。

5. 投资效益

总投资约为 1000 万元，其中主要以产业提升为主导；赢利主要来源于销售收入、休闲娱乐；年产值预计为 600 万 ~ 800 万元，其中仅指休闲部分。

（四）农业嘉年华主题乐园

1. 建设地点

位于五福北山以北的河道湾区的水稻种植区。

2. 建设规模

建设规模约为 600 亩。

3. 建设内容

主要建设"海丝"文化主题乐园、农博乐园、农业迪斯尼、农业创意厅、农业展厅等。定期举办主题活动及展览展会，展销区域内优质农产品，促进区域农业技术和信息交流。并为侨乡创建侨乡人员回乡创业预留地。

主要建设 4000m² 的农业主题场馆 4 座，周边的露地面积为 8000m²，包括停车场、游乐设施、特色小吃摊，周边配套的采摘果园 5000m² 等。

4. 运营策略

项目建筑主要通过政府招商，企业运营管理，通过嘉年华的娱乐方式融入农业节庆活动，实现农业教育、农业生态化发展和旅游娱乐等多个层次的需求。

5. 投资效益

总投资约为 18000 万元；项目赢利主要来源于休闲娱乐、参观教育、商品销售、农业体验、科普教育等。年产值预计为 10000 ~ 12000 万元。

（五）民宿体验区、乡村酒店

1. 建设地点

结合区域丰富的传统建筑资源，规划 4 处民宿体验区、乡村酒店，包括浮月村南洋建筑民宿体验区、东宁里岭南建筑民宿体验区、汶央村南洋建筑民宿体验区、上泽圩特色民宿体验区。

2. 建设规模

民宿体验区、乡村酒店的建设规模为 10 ~ 100 亩。

3. 建设内容

传统古建民宿主要建设侨乡民宿酒店、南海花园公寓；自然生态民宿建设温泉公寓、静修养生堂、养心天堂、茶艺工坊；同时建设南海食尚、田园集市、台山鳗鱼宴等美食体验民宿。

4. 运营策略

主要采取政府组织、企业主导、农民参与，或政府招商、企业运营管理的建设模式。通过打造度假酒店、特色民宿、家庭旅馆等产品类型，实现高、中、低产品搭配策略，满足多层次的服务需求。

5. 投资效益

总投资约为 1000 万元；赢利主要来源于住宿和餐饮服务；年产值预计为 600 万 ~ 800 万元。

（六）斗山古街区

1. 建设地点

位于斗山古街区、陈宜禧追思园、斗山河。

2. 建设规模

建设规模约为 10000m²。

3. 建设内容

在斗山古街区，围绕陈宜禧纪念广场，开展古建筑保护利用。建设陈宜禧博物馆，开展铁路文化展示馆、铁路知识学堂等项目；建设陈宜禧追思园，围绕陈宜禧故居、陈家花园、半亩园开展家宴及品茶活动。通过完善街巷排水改造，旅游标识设计，配送游客服务中心，开展传统工艺品的售卖制作，实现商业复兴计划。结合当地龙舟文化和习俗，定期举办龙舟会等节庆活动。

4. 运营策略

建设：政府招商，企业运营管理，居民参与。

经营：商业售卖、体验性项目、活动票务、商业酒店住宿等经营性项目。

5. 投资效益

总投资约为 3800 万元；赢利收入主要来源于商品销售、体验性项目、演出活动票务、商业酒店住宿等。年产值预计为 1500 万～2250 万元。

（七）生态自驾营地

1. 建设地点

规划 4 处生态自驾营地，分别位于正坑水库、利众生态园、海口埠五福村周边、邻近自驾车观光游览线路的一般农田区。

2. 建设规模

建设规模为 100～300 亩。

3. 建设内容

主要建设适宜于跑步、骑行、健身、越野等户外活动的场地，配套搭建可进行垂钓、篝火、露营、游戏等休闲娱乐的平台，营造适宜家庭聚会、散步、儿童娱乐的乐园。建设乡野茶社，为游客提供拓展休息、朋友聚会的轻松愉悦的社交场所。

4. 运营策略

建设层面，政府主要完善旅游服务设施配套，企业运营管理。制订场地免费、衍生服务经营策略；定期举办房车节、露营大会等活动造势。

5. 投资效益

总投资约为 200 万元；赢利点主要为场地租售、配套服务；年产值预计为 60 万 ~ 100 万元。

（八）旅游影视服务基地与博览交易基地

1. 建设地点

位于梅家大院以及周边洋楼碉楼聚集区。

2. 建设规模

建设规模约为 200000m^2。

3. 建设内容

围绕区域特有的建筑资源，开展影视旅游、建筑观光、民国影视拍摄、影视租赁服务和旅游影视博览交易等服务内容。围绕影视博物馆，开展区域特色文化产品、艺术品展览、售卖、民俗表演。对现有建筑、桥涵、牌坊、侨圩修复利用，开展建筑观光活动；开展电视、电影、微电影、真人秀拍摄活动，并提供服装、道具等影视租赁服务。建设旅游影视博览交易基地，开展博览交易、影视制作、产品包装、影视发行等业务。

4. 运营策略

项目建设模式为政府招商、企业运营管理、居民参与。

5. 投资效益

总投资约为 18000 万元；赢利主要来源于场地租赁、影视服务、表演售票、影视后期制作服务等；年产值预计为 5000 万 ~ 8000 万元。

（九）侨圩书院与私塾大讲堂

1. 建设地点

结合李碧学校和庙边学校进行建设。

2. 建设规模

侨圩书院与私塾大讲堂的建设规模为 10 ~ 30 亩。

3. 建设内容

在传统学校的基础上进行空间优化、环境美化和功能改造；设计采用传统书院形式，建设讲堂、藏书阁、先贤书斋、读书台等，是集中体验传统书斋文化、儒家教育文化的场所。

4. 运营策略

书院是开放式的传统文化体验空间，是半公益性质的文化活动场所，主要由政府主导实施，提升区域旅游品位，丰富旅游体验项目，集聚人气。

5. 投资效益

总投资约为 300 万元；赢利点主要在体验和餐饮消费；年产值预计为 50 万 ~ 100 万元。

（十）农产品加工园

1. 建设地点

位于西部沿海高速斗山出口附近和广海镇沿海地区。

2. 建设规模

建设规模约为 600 亩。

3. 建设内容

斗山组团：主要开展大型农产品集中式标准化仓储、本地与进口内销产品精深加工、园区综合管理与商业服务、产品展销与综合物流等项目建设。

广海组团：主要开展渔船停泊与产品中转、保税仓储与加工、临港仓储与加工、斗山—广海—港口互动与货物中转快速通道等临港产业与商业服务。

4. 运营策略

项目建设运营采取政府投资建设平台、吸引企业入驻、园区托管、企业运营管理的模式。

主要重点项目投资效益详细估算见表 8-3，项目库见表 8-4。

表 8-3　主要重点项目投资效益详细估算

分区	重点项目	建设规模	单位	投资单价（万元/亩或元/m²）	投资合计（万元）	预计亩均年产值（万元）	游客数（万人）	预计人均消费（元）	预计年产值（万元）	备注
侨乡文化片区	岭南佳果种植基地、休闲农庄	100~300	亩	5	1000		12~16	50	600~800	赢利以住宿、餐饮、采摘以及销售为主
	鳗鱼养殖基地	5000	亩							
	百渔乐园	3000~5000	亩		1000		6~8	100	600~800	投资仅为产业提升，补充性投资 1000 万元，产值仅为旅游体验产值，不含渔业收入
	农业嘉年华主题乐园	600	亩	30	18000		100~120	100	10000~12000	
	民宿体验区、乡村酒店	10~100	亩		1000		3~4	200	600~800	修缮性投资 1000 万元，仅提升必要内容，不大修大改，且仅为部分住宅提升

分区	重点项目	建设规模	单位	投资单价（万元/亩或元/m²）	投资合计（万元）	预计亩均年产值（万元）	游客数（万人）	预计人均消费（元）	预计年产值（万元）	备注
侨乡文化片区	斗山古街区	10000	m²	3800	3800		10~15	150	1500~2250	
	生态自驾营地	100~300	亩	1	200	0.3~0.5			60~100	仅为租赁服务效益
	旅游影视服务基地与博览交易基地	200000	m²	900	18000				5000~8000	参考其他地方影视城和规模后估算产值
	侨圩书院与私塾大讲堂	10~30	亩	15	300		5~10	10	50~100	体验性消费，半公益性质
	农产品加工园	600	亩		132					

表8-4　项目库

序号	项目名称	建设区域（项目落地）	项目类型		发展导则（△辅助建设、▲主导建设）		
			品牌主打项目	配套建设项目	政府建设	招商项目	提升项目
2	侨乡文化片区						
2.1	浮石主题区						
2.1.1	飘色工艺坊	八坊		▲		▲	
2.1.2	浮石历史文化名村	浮石				▲	△
2.1.3	入口门户旅游服务站	浮石村高速下道口	▲			▲	

续表

序号	项目名称	建设区域（项目落地）	项目类型		发展导则（△辅助建设、▲主导建设）		
			品牌主打项目	配套建设项目	政府建设	招商项目	提升项目
2.2	铁路文化主题区	斗山					
2.2.1	陈宜禧追思园	美塘村	▲		▲	△	
2.2.2	纪念广场	斗山镇区	▲		▲	△	
2.2.3	斗山古街区	斗山镇区	▲		▲	△	
2.3	五福乐园主题区						
2.3.1	生态自驾营地	五福村附近	▲			▲	
2.3.2	农业嘉年华	五福北山以北的河道湾区的水稻种植区	▲		▲		
2.3.3	五福村观光与风情体验区	五福村		▲	△	▲	
2.3.4	浮月村南洋建筑民俗体验区	浮月村	▲			▲	△
2.4	海口埠主题区						
2.4.1	鳗鱼养殖基地	海口埠北面鱼塘	▲		△	▲	△
2.4.2	百渔乐园	海口埠北面鱼塘附近	▲			▲	
2.4.3	生态自驾营地	海口埠		▲		▲	
2.4.4	海口埠风情体验区	海口埠	▲			▲	
2.5	影视主题区						
2.5.1	旅游影视服务基地	梅家大院	▲		▲		△
2.5.2	影视博览交易基地	梅家大院	▲		▲	△	

续表

序号	项目名称	建设区域（项目落地）	项目类型		发展导则（△辅助建设、▲主导建设）		
			品牌主打项目	配套建设项目	政府建设	招商项目	提升项目
2.5.3	梅家大院	梅家大院	▲			△	▲
2.5.4	入口门户旅游服务站	香步村		▲	▲		
2.5.5	生态自驾营地	那合里		▲		▲	
2.6	侨圩文化主题区						
2.6.1	侨圩文化展馆	上泽	▲		▲		
2.6.2	侨圩书院	成务学校	▲		▲		
2.6.3	上泽圩特色民俗体验区	上泽	▲			▲	
2.6.4	欧式农业观光园	北溪里		▲		▲	
2.6.5	利众生态园	上泽	▲				▲
2.6.6	汶央村南洋建筑民宿体验区	汶央村	▲				
2.7	建筑与儒教文化体验区						
2.7.1	庙边私塾大讲堂	庙边学校	▲		▲		
2.7.2	翁家楼建筑博物馆	翁家楼	▲		▲		
2.7.3	侨圩书院与儒家文化广场	李壁学校		▲	▲		
2.7.4	平洲举人村观光与风情体验区	平洲村	▲		△	▲	
2.7.5	入口门户游客服务站	庙边		▲	▲		
2.8	汀江水上走廊	汀江流域		▲	▲		

第三节 "海丝"休闲片区

一、开发思路

（一）旅游发展思路

通过保护整治卫城遗址、海永无波公园、烽火角构成的广海卫城文化资源，整合提升鲲鹏村、南湾渔港、大冲口渔港等的渔村文化及以长沙村为代表的客家文化资源；依托老虎头、大湾、鱼塘湾等处优良的岸线资源，打造高品质的滨海旅游区；拓展乡村度假酒店、企业活动中心等项目。

在此基础上，通过梳理旅游线路，配套自驾营地、游船码头、游客服务站等旅游基础设施，打造渔村文化主题区、广海卫城主题区、客家文化主题区、滨海旅游主题区等四大主题功能区，形成以滨海旅游为支撑的复合型旅游区。

（二）产业发展思路

产业内容以现代海洋产业为主导，主要包括滨海渔业、渔业科研孵化、海产品加工等，并注重与旅游资源的结合。

二、总体目标

"海丝"休闲片区将构建以滨海旅游为支撑，兼具"海丝"文化、客家文化的复合型旅游度假目的地。

三、经济效益

经济效益以滨海游览、卫城观光、度假住宿、海鲜餐饮、地方特产等为支撑。

四、片区空间结构布局

"海丝"休闲片区主要构建以下四个主题功能片区。

（一）渔村文化主题区

以冲塘休闲渔村和大洋休闲渔村为主体，同时依托岸线资源，发展老虎头滨海旅游区，是集渔业休闲和滨海旅游的区域。

（二）广海卫城主题区

片区发展以卫城遗址、海永无波公园、灵湖古寺和烽火角为主体的广海卫城文化游，以渔人码头、南湾风情渔港、大冲口风情渔港和鲲鹏村为代表的渔村文化体验游，拓展乡村度假酒店、企业活动中心等度假型项目，是配套商业酒店等旅游服务设施的海丝文化综合旅游区。

（三）客家文化主题区

建设长沙村客家风情体验区、杨中村客家风情体验区，发展客家民俗馆、白宵咀游船码头等，构建以客家游乐体验为重点的主题区。

（四）滨海旅游主题区

依托区域优良的岸线资源，打造包括鹿颈咀滨海旅游区、大湾滨海旅游区、黄金海岸滨海旅游区、孤洲海岛旅游区，生态自驾营地和游船码头等设施配套完善的高品质滨海旅游度假区。

五、游憩系统与道路规划

游憩系统规划通过与路网相结合，增设自驾车观光游览线路、水上游览线路和慢行游览线路，并设置多个服务设施点与指示标牌来完善"海丝"休闲旅游片区内部的游憩系统，为游客提供优质的旅游服务系统。

（1）向外衔接：片区主要通道门户是西部沿海高速广海下道口，另外还有3处通道门户，包括赤溪273省道、大冲口365省道和大洋村365

省道。

（2）自驾车游览线路：主要在 365 省道、滨海公路和 273 省道基础上进行景观改造和功能拓展。

（3）慢行游览线路：在原有乡村道路和镇区道路基础上进行景观改造和功能拓展，发展步行观光、自行车骑行等的游览路线。

（4）服务设施点：规划 4 处入口门户与游客服务站、6 处生态自驾营地和 8 处游船码头。

六、重点项目

（一）生态渔业养殖示范园

1. 建设地点

位于坑口、冲塘、冲南南部滩涂区域。

2. 建设规模

建设规模约为 500 亩。

3. 建设内容

提升水产养殖示范基地建设水平，大力发展鳗鱼、斑节对虾、台山青蟹等养殖，提高良种覆盖率，适度引进新品种，优化养殖结构。适度发展渔业养殖的设施，建设智能温室大棚、"渔光一体化"等节能高效工程。

4. 运营策略

项目建设主要通过合作社、"企业 + 合作社"、农户等模式运营，积极与企业、酒店、超市建立供销关系，出售高品质水产品，同时兼具生产示范的功能，带动周边区域水产养殖业的发展。

5. 投资效益

总投资约为 550 万元，其中只包括建设费用；赢利点主要在水产品销售；年产值预计为 1500 万 ~ 2000 万元。

（二）渔业科研孵化基地

1. 建设地点

位于东门海周边鱼塘及滩涂区域。

2. 建设规模

建设规模约为 100 亩。

3. 建设内容

建设优质鱼苗研究中心，与科研院所合作建立包括鱼类解剖、水生物实验室、标本实验室、微生物培养等先进的实验室，带动区域实现科学养殖，同时结合海底科普互动室，开展渔业科普展示、科技互动活动。适度发展水产品加工业，研究水产品美食、药用功能，开发鱼美食、养生保健药材等，延伸渔业产业链。

4. 运营策略

运营主体是政府、"政府＋科研院所""政府＋企业"，政府与科研院所联合发展，引进新设备、新品种，开展优质种苗培育等，助力区域渔业的可持续发展。

5. 投资效益

总投资约为 550 万元；赢利点在科研收入；年产值预计为 100 万 ~ 200 万元。

（三）滨海旅游区

1. 建设地点

结合丰富的岸线资源，规划五处滨海旅游区，包括老虎头滨海旅游区、烽火角滨海旅游区、大湾滨海旅游区、鹿颈咀滨海旅游区、黄金海岸滨海旅游区。

2. 建设规模

建设规模约为 100 亩。

3. 建设内容

结合区域滨海资源，建设自然生态的滨海旅游区，打造原生态海滨浴场、湿地景观区、湿地特色景观带、生态保护观光区等；配套建设滨海度假区，开展水上高尔夫、水上蹦极、水上摩托、滑板、拖拽伞等水上项目及沙滩酒店、游艇酒店、SPA 会所等。

4. 运营策略

项目的投资建设，主要采取政府招商、企业运营管理、居民参与的模式。

5. 投资效益

总投资约为 1700 万元；赢利主要来源于住宿、餐饮、水上设施租赁、养生休闲服务；年产值预计为 500 万 ~800 万元。

（四）休闲渔村

1. 建设地点

位于冲塘村、大洋村，以民居改造为主，打造干净、精致的民宿酒店，主要提供原生态渔村体验。

2. 建设规模

建设规模约为 1000 亩。

3. 建设内容

基于原有村落，通过壁画装饰、艺术氛围营造，打造特色化、主题式家庭旅馆农家乐；开发小片干净的沙滩，开展嬉戏娱乐、体验活动，如篝火晚会、赶海拾贝、耕海牧渔等；结合渔业生产及民俗节庆，定期举办活动，如恢复传统文化节、海上起航祈福节等，聚人气，打造原生态的休闲渔村。

4. 运营策略

通过村委会与企业共同开发，农民宅基地入股，享受分红，引入民宿酒店管理公司，统一管理运营。

5. 投资效益

总投资约为 5000 万元；赢利主要来自住宿、餐饮；年产值预计为 2000 万 ~ 3000 万元。

（五）遗址公园、风情渔港

1. 建设地点

位于广海卫城遗址、海永无波公园、摩崖石刻遗迹山峰。

2. 建设规模

遗址公园、风情渔港的建设规模约为 100 亩。

3. 建设内容

整合广海卫城遗址公园、海永无波公园、摩崖石刻公园和南湾风情渔港，打造风情遗址公园、风情渔港，传承"海丝"文化。

广海卫城遗址公园：提升卫城遗址建设，整合抗倭英雄堂、观景平台等，建设南海造型花园等。

海永无波公园：重塑抗倭炮台遗址，构建健康步道、清塘荷韵、渔趣园等，提供休闲度假的环境。

摩崖石刻公园：整合观景台、奇石山峰、石窟诗林等资源，开展奇观绿道、蹊径探险等活动。

南湾风情渔港：建设特色鱼观赏基地，开展动物表演、民俗表演等活动，结合观光码头构建水上游线，开展特色海产品商铺售卖等。

4. 运营策略

遗址公园主要由政府主导建设，属公益性公园。风情渔港主要打造度假酒店、特色民宿、家庭旅馆等产品类型，采用高、中、低产品搭配策略，满足多层次的服务需求。

5. 投资效益

总投资约为 500 万元，主要是对项目提升费用的预估；赢利主要来源于体验消费、餐饮等；年产值预计为 200 万 ~ 300 万元。

（六）"海丝"卫城小镇

1. 建设地点

位于烽火角周边村庄。

2. 建设规模

建设规模约为 100 亩。

3. 建设内容

通过古街区、祠堂、书院的恢复，特色民俗以及"海丝"文化研究和交流中心的建设，打造"海丝"卫城小镇，传承"海丝"文化。

古街区建设：修复老街区，恢复当地传统手工制品的制作和销售，实现商务复兴，再现传统风貌。

祠堂、书院建设：结合名人纪念堂、私塾书院、祠堂、烽火角书画苑等项目，开办读书、绘画、参观等活动，为游客提供体验和品味传统文化的场所，同时结合渔家文化主题酒店和民俗，品味渔家美食。

海丝文化研究中心建设：邀请"海丝"文化研究机构和人员入驻，展示博大精深的"海丝"文化；定期承办新闻发布会、艺术节等，打造成为"海丝"文化的交流中心。

4. 运营策略

建设层面：政府主导建设或村集体建设，农民以土地或宅基地入股。运营方面：结合古街经营，书院祠堂展示等，举办"海丝"文化主题活动和展览，结合民宿，传承"海丝"文化。

5. 投资效益

总投资约为 500 万元；赢利主要来源于体验消费、住宿、餐饮、展会等；年产值预计为 200 万 ~300 万元。

主要重点项目投资效益详细估算见表 8-5，项目库见表 8-6。

表 8–5 主要重点项目投资效益详细估算

分区	重点项目	建设规模	单位	投资单价（万元/亩或元/m²）	投资合计（万元）	预计亩均年产值（万元）	游客数（万人）	预计人均消费（元）	预计年产值（万元）	备注
"海丝"休闲区	生态渔业养殖示范园	500	亩	1.1	550	3~4			1500~2000	投入仅为建设费用，不含养殖投入
	渔业科研孵化基地	100	亩	5.5	550				100~200	投入仅为渔业科研建设费用，效益主要为科研提升产业带来的多年平均效益
	滨海旅游区	100	亩	17	1700		10~16	50	500~800	
	休闲渔村	1000	亩	5	5000		20~30	100	2000~3000	
	遗址公园、风情渔港	100	亩	5	500		10~15	20	200~300	投资费用仅为提升改造
	"海丝"卫城小镇	100	亩	5	500		10~15	20	200~300	投资费用仅为提升改造

表 8–6 项目库

序号	项目名称	建设区域（项目落地）	项目类型		发展导则（△辅助建设、▲主导建设）		
			品牌主打项目	配套建设项目	政府建设	招商项目	提升项目
3	"海丝"休闲区	广海、赤溪					

续表

序号	项目名称	建设区域（项目落地）	项目类型		发展导则（△辅助建设、▲主导建设）		
			品牌主打项目	配套建设项目	政府建设	招商项目	提升项目
3.1	渔村文化主题区	广海					
3.1.1	老虎头滨海旅游区	老虎头		▲	△	▲	
3.1.2	自驾生态营地	福田村		▲		▲	
3.1.3	入口门户游客服务站	福田村		▲	▲		
3.1.4	大洋休闲渔村	大杨村	▲		▲	△	
3.1.5	冲塘休闲渔村	冲塘村	▲		▲	△	
3.2	广海卫城主题区	广海					
3.2.1	乡村度假酒店	大坑		▲		▲	
3.2.2	企业活动中心	中塘		▲		▲	
3.2.3	生态自驾营地	刘李罗		▲		▲	
3.2.4	入口门户游客服务站	环城村	▲		▲		
3.2.5	广海卫城遗址公园	广海镇区	▲		△		▲
3.2.6	海永无波公园	广海镇区	▲		△		▲
3.2.7	灵湖古寺	广海镇区	▲		△		▲
3.2.8	海丝文化展馆	广海镇区		▲	▲		
3.2.9	鲲鹏村渔村文化体验区	鲲鹏村		▲	△	▲	
3.2.10	渔人码头游览区	渔人码头	▲		△	▲	
3.2.11	南湾风情渔港	南湾渔港	▲		△		▲
3.2.12	渔业科研孵化基地	东门海附近	▲	▲			
3.2.13	生态渔业养殖基地	东门海附近	▲		▲		
3.2.14	"海丝"卫城小镇	烽火角	▲		▲		

续表

序号	项目名称	建设区域（项目落地）	项目类型		发展导则（△辅助建设、▲主导建设）		
			品牌主打项目	配套建设项目	政府建设	招商项目	提升项目
3.2.15	烽火角滨海旅游区	烽火角		▲		▲	
3.2.16	生态自驾营地	大冲口		▲		▲	
3.2.17	大冲口风情渔港	大冲口		▲	▲		
3.2.18	入口门户游客服务站	大冲口		▲	▲		
3.3	客家文化主题区	赤溪					
3.3.1	生态自驾营地	白宵咀		▲			
3.3.2	生态自驾营地	富临陶源		▲			
3.3.3	入口门户旅游服务站	富临陶源		▲			
3.3.4	杨中村客家风情体验区	杨中村		▲			
3.3.5	长沙村客家风情体验区	长沙村		▲			
3.3.6	客家民俗馆	长沙村	▲				
3.4	滨海旅游主题区	赤溪					
3.4.1	鹿颈咀滨海旅游区	鹿颈咀		▲		▲	
3.4.2	大湾滨海旅游区	大湾		▲		▲	
3.4.3	黄金海岸滨海旅游区	黄金海岸	▲			△	▲
3.4.4	孤舟海岛旅游区	孤舟岛		▲		▲	
3.4.5	生态自驾营地			▲		▲	
3.4.6	蕉湾咀滨海旅游区	蕉湾咀	▲			△	▲
3.4.7	黑沙湾滨海旅游区	黑沙湾	▲			△	▲
3.5	水上游艇游线					▲	

第四节　生态度假片区

一、开发思路

（一）旅游发展思路

端芬南部以生态保育为主，以低密度、低强度开发模式开发大隆洞水库、凤凰峡旅游度假等资源，整合提升敦寨仓库、革命烈士纪念碑等资源，配套自驾营地、游船码头、游客服务站等旅游基础设施，打造生态农业主题区、民国建筑主题区、生态景观主题区、红色文化主题区四大主题功能区的农耕生态度假旅游区。

（二）产业发展思路

产业以水稻种植、林果种植、蔬菜种植为主，并开展体验活动，实现农旅融合发展。

二、总体目标

生态度假片区主要构建以生态旅游为主，农旅融合为特色，兼具红色文化揽胜的复合型旅游目的地。

三、经济效益

经济效益主要为林果、蔬菜种植、餐饮、住宿、观光等。

四、片区空间结构布局

生态度假片区主要建设以下四个主题区。

（一）生态农业主题区

以沿河两岸的连片冲积平原及交通便利的丘陵地带为主，打造林果观光园、高效蔬菜生产基地及观光园等，是体现生态农业的主题区，旅游门户区。

（二）民国建筑主题区

发展以敦寨仓库为主的建筑旅游文化观光体验，重点建设敦寨仓库观光风情体验园，打造民国建筑主题区。

（三）生态景观主题区

依托大隆洞水库、凤凰峡景区，建设三洞生态观光区、大隆洞生态观光区、寻皇村乡村酒店等项目，构建以生态旅游观光为重点的主题区。

（四）红色文化主题区

围绕滨海松苑革命历史纪念碑，打造革命烈士纪念园、红色民宿体验区等项目，重点发展红色文化主题区。

五、游憩系统与道路规划

游憩系统规划通过与路网相结合，增设自驾车观光游览线路、水上游览线路和慢行游览线路，并设置多个服务设施点与指示标牌来完善其生态度假旅游片区内部的游憩系统，让游客身处片区中能够体验优质的服务。

（1）向外衔接：548县道连接外部交通。

（2）自驾车游览线路：主要在548县道基础上进行景观改造和功能拓展。

（3）慢行游览线路：在原有乡村道路基础上进行景观改造和功能拓展，形成以步行、自行车等为主的游览路线。

（4）服务设施点：规划2处入口门户与游客服务站、3处生态自驾营地和4处游船码头。

六、重点项目

（一）生态林果观光园、高效蔬菜生产观光园

1.建设地点

位于龙墩大面积连片的农业农地、鸦山脚丘陵地。

2.建设规模

建设规模约为500亩。

3.建设内容

建设优质特色果蔬种植基地，引进功能果蔬等新品种，优化种植结构。推广示范新品种、新技术，发展猪—果—沼、猪—果—菜等循环利用模式，以及果—渔等种养复合模式，带动区域林果、蔬菜产业发展。结合现代化生产开展果蔬采摘、观光、摄影等休闲活动。

4.运营策略

项目主要采取"企业＋农户""企业＋合作社"和合作社等模式建设运营，借助电商平台，开展定制生产、产品售卖、活动体验等，满足不同顾客的需求。

5.投资效益

总投资约为1700万元，主要是在基建投资方面的预估；赢利主要来源于产品销售、采摘；年产值预计为1000万～1500万元。

（二）花卉产业园、世界爱情谷

1.建设地点

位于凤凰峡丘陵地。

2.建设规模

花卉产业园、世界爱情谷的建设规模约为500亩。

3. 建设内容

建设标准化花卉种植基地，引进示范新品种、新技术；配套发展鲜花、鲜切花售卖；围绕花卉种植基地建设婚礼圣地，开展婚纱摄影、婚礼举办等活动。配套婚礼蜜月洞房、花卉餐厅、花卉养生馆等设施，承办婚宴、品味鲜花美食，开展鲜花养生、保健、美容、SPA 等。沿重要游览线路，构建特色花木的景观大道，如黄花风铃木大道、木棉大道等。

4. 运营策略

项目主要采取"企业＋农户""企业＋合作社"和合作社等模式建设；定期开展主题花卉苗木展，举办婚庆、花艺培训体验等活动。

5. 投资效益

总投资约为 2500 万元；赢利主要来源于场地租赁、产品销售、产品加工；年产值预计为 1000 万 ~1500 万元。

（三）凤凰峡生态度假区、大隆洞生态景观观光区

1. 建设地点

位于凤凰峡、大隆洞水库。

2. 建设规模

凤凰峡生态度假区、大隆洞生态景观观光区的建设规模为 5000 ~ 10000 亩。

3. 建设内容

项目的建设通过提升区域资源环境，打造观景塔、食用花卉基地、空中花廊、花谷音乐广场、音乐喷泉等，开展休闲度假活动；围绕生态涵养林，通过更新优化生态林的种植结构、种类及景观，建设生态氧吧，营造骑马场、高尔夫球场、山间步道、漂流等健身运动空间，并配套酒店、会所等旅游服务设施。

生态度假酒店主要为独栋豪华别墅，以静谧稻田、菜园为背景环境，

为游客提供特色粤菜及素食等餐饮服务；围绕临水别院、养生花园、养生文化博览园、高端会所，开展休闲养生项目。

4. 运营策略

项目主要由政府或者政府招商企业运营的模式进行建设。

5. 投资效益

总投资约为 17000 万元，主要是对项目提升方面的预估；赢利主要来源于体验消费、住宿、餐饮；年产值预计为 4000 万～5000 万元。

（四）乡村酒店、红色民宿

1. 建设地点

结合传统建筑，规划 3 处民宿体验区和乡村酒店，包括敦寨民宿体验区、古宅红色民宿体验区、寻皇乡村酒店。

2. 建设规模

建设规模约为 500 亩。

3. 建设内容

充分利用保留的红色建筑资源，通过提升改造，打造民国风格的民宿旅馆、红色文化公寓等传统古建民宿。结合乡村、稻田等资源，建设临水别院、树屋、修建在稻田里的原生态酒店等。

4. 运营策略

主要采取"自主经营＋合作经营"的模式，通过政府组织、企业主导、农民参与或政府招商、企业运营管理的模式，打造度假酒店、特色民宿、家庭旅馆等产品类型，采用高、中、低产品搭配策略，满足多层次的服务需求。

5. 投资效益

总投资约为 3000 万元；赢利主要来源于体验消费、住宿、场地租赁等；年产值预计为 1000 万～1200 万元。

（五）革命烈士纪念园

1. 建设地点

位于滨海松苑革命烈士纪念碑。

2. 建设规模

建设规模约为500亩。

3. 建设内容

围绕革命烈士纪念园，建设红色教育基地。打造红军生活体验园，开展红军生活中的住宿、餐饮、劳动等体验活动及红色商品销售，并以此为基础建设爱国主义教育基地，开展教育学习、红色文化展示。围绕红色演绎馆，开展红色戏剧、娱乐、休闲、科教等红色文化传承体验活动；结合抗战体验园，为游客提供军训、打靶射击、野战游戏场等活动空间。

4. 运营策略

运营模式主要是政府招商建设运营或政府自营。

5. 投资效益

总投资约为3000万元；赢利主要来源于红色教育、商业售卖、体验消费、活动票务等；年产值预计为500万～800万元。

主要重点项目投资效益详细估算见表8-7，项目库见表8-8。

表8-7　主要重点项目投资效益详细估算

分区	重点项目	建设规模	单位	投资单价（万元/亩或元/m²）	投资合计（万元）	预计亩均年产值（万元）	游客数（万人）	预计人均消费（元）	预计年产值（万元）	备注
生态度假片区	生态林果观光园、高效蔬菜生产观光园	500	亩	3.4	1700	2~3			1000~1500	

续表

分区	重点项目	建设规模	单位	投资单价（万元/亩或元/m²）	投资合计（万元）	预计亩均年产值（万元）	游客数（万人）	预计人均消费（元）	预计年产值（万元）	备注
生态度假片区	花卉产业园、世界爱情谷	500	亩	5	2500	2~3			1000~1500	
	凤凰峡生态度假区、大隆洞生态景观观光区	5000~10000	亩	2.43	17000		40~50	100	4000~5000	生态保护+10%低限度开发（低限度开发20万元/亩，生态保护0.2万元/亩，折合单价并对最终值取整），占地按照7000亩计算
	乡村酒店、红色民宿	500	亩	6	3000		50~60	200	1000~1200	
	革命烈士纪念园	500	亩	6	3000		25~40	20	500~800	效益更倾向于爱国主义教育

表 8-8 项目库

序号	项目名称	建设区域（项目落地）	项目类型		发展导则（△辅助建设、▲主导建设）		
			品牌主打项目	配套建设项目	政府建设	招商项目	提升项目
4	生态度假片区	端芬镇南部					
4.1	民国建筑主题区						

续表

序号	项目名称	建设区域（项目落地）	项目类型		发展导则（△辅助建设、▲主导建设）		
			品牌主打项目	配套建设项目	政府建设	招商项目	提升项目
4.1.1	敦寨仓库观光及风情体验园			▲	△	▲	
4.1.2	生态自驾营地			▲		▲	
4.2	生态农业主题区						
4.2.1	入口门户游客服务站	塘底	▲		▲		
4.2.2	高效蔬菜生产观光园	塘底	▲		△		
4.2.3	生态林果观光园	塘底	▲		△		
4.2.4	生态自驾营地	塘底		▲			
4.3	生态景观主题区						
4.3.1	凤凰峡生态度假区	凤凰峡	▲			▲	△
4.3.2	寻皇村乡村酒店	寻皇村		▲			
4.3.3	大隆洞生态观光区	大隆洞水库	▲			▲	
4.3.4	三洞生态景观观光区	三洞					▲
4.3.5	生态自驾营地	凤凰峡	▲			▲	
4.4	红色文化主题区						
4.4.1	入口门户游客服务站	隆文圩		▲	▲		
4.4.2	红色民宿体验区	隆文圩		▲	△	▲	
4.4.3	革命烈士纪念园	隆文圩		▲	▲		
4.5	大同河水上观光走廊	大同河		▲		▲	

第 **九** 章

规划实施建**议**

第一节　建设行动思路

　　台山中国农业公园的建设应制订合理的行动计划，明确建设方向，捋顺建设行动思路（表9-1），明细建设内容。

表9-1　建设行动思路

行动计划	计划分解	主要内容
1.完善核心区建设，搭建整个农业公园骨架	核心区建设	核心区重点项目的规划、建设与提升
		核心区交通（主要交通、慢行系统，其他游线）建设
		公共服务设施与休闲场所完善
		住宿餐饮，发展特色住宿项目，开发特色菜品，规范餐饮行业管理，提升档次和规模
		基础设施配套，完善各项目所需的水、电等基础设施建设
		环境卫生改善，配套完善的环卫设施，布局公厕、垃圾箱，完善垃圾回收和处理系统，制定环境卫生管理的相关制度
	重点美丽乡村建设	住房改造，包括危旧房改造，民居的商业化打造，侨乡建筑的保护利用等
		乡村环境整治，启动乡村风貌和卫生环境改造工程
		公共服务配套，完善美丽乡村建设中公共服务设施的配套，完善公共服务体系
		基础设施配套，完善美丽乡村建设中水、电、燃气、环卫等基础设施的配套工作
		乡村景观打造，整体改善乡村景观环境
	产业发展	打造部分重点项目，科技示范，引种先试，品种改良，技术推广等
	交通和标识系统	主要交通（游憩路线梳理）建设
		一级标识系统完善
2.基本完善各个片区建设，形成较完善的旅游体系和现代农业发展体系	项目建设	落实四个片区重点品牌项目规划、建设与提升

续表

行动计划	计划分解	主要内容
2. 基本完善各个片区建设，形成较完善的旅游体系和现代农业发展体系	产业发展	推动现代农业发展，推广新品种、新理念、新技术，实现三产融合，整体提升各片区农业发展，同时鼓励发展与片区主题互促的农业项目，以点带面，推动现代农业发展
	道路交通和慢行系统	完善各片区的道路交通和慢行系统建设
	公共服务与公共休闲设施	以主客共享为理念，实现交通、信息、安全、医疗、金融等公共服务全覆盖
	住宿设施	布局和建设高端度假酒店，推动侨乡村落和乡村地区发展特色住宿项目，规划和打造汽车营地、露营地等
	餐饮设施	完善各片区餐饮设施
3. 全面推动中国农业公园建设	产业发展	全面提升中国农业公园现代农业、休闲农业发展
	美丽乡村	全面改善项目区各乡村的乡村环境、公共服务设施、基础设施等，整体打造美丽乡村
4. 持续推进市场开发与品牌营销，树立中国农业公园品牌形象		明确中国农业公园品牌形象，推进市场开发与品牌营销工作，发展壮大台山中国农业公园

第二节　分期建设时序

一、都斛镇

（一）近期

都斛镇近期建设以万亩稻田、莘村入口等为核心，打造水稻文化园区。

（二）中期

中期以水稻文化园为基础，向南、北、东部辐射，打造休闲主题园区、湿地温泉主题园区、探险运动主题园区。

（三）远期

远期向西部辐射，与斗山接轨，全面完善中国农业公园都斛镇部分的村庄、产业、景观、基础设施和公共服务配套等内容。

都斛镇建设时序见表 9-2。

表 9-2　都斛镇建设时序

项目名称	建设区域（项目落地）	建设时序		
		近期	中期	远期
浪漫休闲主题区				
浪漫休闲营地	园头村		▲	
入口门户旅游服务站	园头村		▲	
探险运动主题区				
运动探险基地	猛虎峡		▲	
田美运动设施售卖街	田美村		▲	
木屋生态酒店	南坑水库东部林地		▲	
企业活动中心	任庆里			▲
水稻文化主题区				
万亩水稻示范园	莘村	▲		
水稻研究中心	莘村		▲	
稻田艺术博览园	莘村	▲		
稻米文化体验园	莘村	▲		
稻香人家	莘村	▲		
展览馆	莘村	▲		
"星期天的家"美食街	都斛海鲜街	▲		
入口门户旅游服务站	（靠近高速下道口）	▲		
滨海湿地温泉主题区				
湿地公园	莘村东部滩涂区域		▲	

续表

项目名称	建设区域（项目落地）	建设时序		
		近期	中期	远期
温泉公园	莘村东部滩涂区域		▲	
独崖岛滨海温泉公园	独崖岛		▲	
湿地水上走廊	都斛滩涂		▲	

二、赤溪镇

（一）近期

赤溪镇主要向东西两翼发展，近期主要发展西海岸，围绕滨海旅游项目进行组团式建设。

（二）中期

中期完善东翼，整体打造都斛—赤溪现代农旅湾区，以及客家文化小镇主题部分。

（三）远期

远期对赤溪镇的产业、乡村、山区（景观、基础公共服务）进行整体提升。

赤溪镇建设时序见表9-3。

表 9-3　赤溪镇建设时序

项目名称	建设区域（项目落地）	建设时序		
		近期	中期	远期
花卉苗木主题区				
多彩苗木专类园	东坑村		▲	
乡村酒店	公平村		▲	

续表

项目名称	建设区域（项目落地）	建设时序		
		近期	中期	远期
苗木主题庄园	护岭		▲	
休闲渔业主题区				
乡村休闲度假渔庄	曹冲村	▲		
马洲休闲渔业风情体验园	马洲	▲		
上塘森林公园	上塘		▲	
金海鸥红树林度假区	赤溪湾	▲		
金沙湾度假区	黄茅田	▲		
水木芳华度假区	北峰山	▲		
客家文化主题区				
生态自驾营地	白宵咀		▲	
生态自驾营地	富临陶源		▲	
入口门户旅游服务站	富临陶源		▲	
杨中村客家风情体验区	杨中村		▲	
长沙村客家风情体验区	长沙村		▲	
客家民俗馆	长沙村		▲	
滨海旅游主题区				
鹿颈咀滨海旅游区	鹿颈咀	▲		
大湾滨海旅游区	大湾	▲		
黄金海岸滨海旅游区	黄金海岸	▲		
孤舟海岛旅游区	孤舟岛	▲		
生态自驾营地			▲	
蕉湾咀滨海旅游区	蕉湾咀		▲	
黑沙湾滨海旅游区	黑沙湾		▲	
水上游艇游线			▲	

三、斗山镇

（一）近期

斗山镇重点项目主要沿汀江走廊带状分布，斗山镇侨乡文化主题是台山中国农业公园的重要亮点和标识，大部分项目建议在近期完成。

（二）中期

中期完成剩余项目以及连通其他片区的交通干线（道路设施、景观）、汀江水上走廊等。

（三）远期

远期对斗山镇的产业、乡村、山区（景观、基础公共服务）进行整体提升。

斗山镇建设时序见表9-4。

表9-4　斗山镇建设时序

项目名称	建设区域（项目落地）	建设时序		
		近期	中期	远期
浮石主题区				
飘色工艺坊	八坊	▲		
浮石历史文化名村	浮石	▲		
入口门户旅游服务站	浮石村高速下道口	▲		
铁路文化主题区	斗山	▲		
陈宜禧追思园	美塘村	▲		
纪念广场	斗山镇区	▲		
斗山古街区	斗山镇区	▲		
五福乐园主题区				
生态自驾营地	五福村附近		▲	

续表

项目名称	建设区域（项目落地）	建设时序		
		近期	中期	远期
农业嘉年华	五福北山以北的河道湾区的水稻种植区		▲	
五福村观光与风情体验区	五福村	▲		
浮月村南洋建筑民俗体验区	浮月村	▲		
汀江水上走廊	汀江流域		▲	

四、端芬镇

端芬镇包含侨乡文化片区西部和生态休闲片区，项目较为集中。

（一）近期

主要完成侨乡文化片区重点项目的建设。

（二）中期

主要完成生态休闲片区项目的建设。

（三）远期

对端芬镇的产业、乡村、山区（景观、基础公共服务）进行整体提升。

端芬镇建设时序见表9-5。

表9-5　端芬镇建设时序

项目名称	建设区域（项目落地）	建设时序		
		近期	中期	远期
海口埠主题区				
鳗鱼养殖基地	海口埠北		▲	
百渔乐园	海口埠北		▲	

续表

项目名称	建设区域（项目落地）	建设时序		
		近期	中期	远期
生态自驾营地	海口埠		▲	
海口埠风情体验区	海口埠	▲		
影视主题区				
旅游影视服务基地	梅家大院	▲		
影视博览交易基地	梅家大院	▲		
梅家大院	梅家大院	▲		
入口门户旅游服务站	香步村	▲		
生态自驾营地	那合里	▲		
侨圩文化主题区				
侨圩文化展馆	上泽		▲	
侨圩书院	成务学校		▲	
上泽圩特色民俗体验区	上泽	▲		
欧式农业观光园	北溪里	▲		
利众生态园	上泽	▲		
汶央村南洋建筑民宿体验区	汶央村	▲		
建筑与儒教文化体验区				
庙边私塾大讲堂	庙边学校		▲	
翁家楼建筑博物馆	翁家楼	▲		
侨圩书院与儒家文化广场	李壁学校	▲		
平洲举人村观光与风情体验区	平洲村	▲		
入口门户游客服务站	庙边	▲		
民国建筑主题区				
敦寨仓库观光及风情体验园	敦寨		▲	

续表

项目名称	建设区域（项目落地）	建设时序		
		近期	中期	远期
生态自驾营地			▲	
生态农业主题区				
入口门户游客服务站	塘底		▲	
高效蔬菜生产观光园	塘底		▲	
生态林果观光园	塘底		▲	
生态自驾营地	塘底			▲
生态景观主题区				
凤凰峡生态度假区	凤凰峡		▲	
寻皇村乡村酒店	寻皇村		▲	
大隆洞生态观光区	大隆洞水库			▲
三洞生态景观观光区	三洞			▲
生态自驾营地	凤凰峡		▲	
红色文化主题区				
入口门户游客服务站	隆文圩		▲	
红色民宿体验区	隆文圩		▲	
革命烈士纪念园	隆文圩		▲	
大同河水上观光走廊	大同河		▲	

五、广海镇

广海镇以"海丝"文化和休闲"海丝"为主题。

（一）近期、中期

项目相对集中在镇区周边和沿海一侧，重点项目根据集聚程度、建设难度、影响力等分类，分别在近期、中期建设完成。

（二）远期

对广海镇的产业、乡村、山区（景观、基础公共服务）进行整体提升。广海镇建设时序见表9-6。

表9-6　广海镇建设时序

项目名称	建设区域（项目落地）	建设时序		
		近期	中期	远期
渔村文化主题区				
老虎头滨海旅游区	老虎头		▲	
自驾生态营地	福田村		▲	
入口门户游客服务站	福田村		▲	
大洋休闲渔村	大杨村		▲	
冲塘休闲渔村	冲塘村		▲	
广海卫城主题区				
乡村度假酒店	大坑		▲	
企业活动中心	中塘		▲	
生态自驾营地	刘李罗		▲	
入口门户游客服务站	环城村	▲		
广海卫城遗址公园	广海镇区	▲		
海永无波公园	广海镇区	▲		
灵湖古寺	广海镇区	▲		
"海丝"文化展馆	广海镇区	▲		
鲲鹏村渔村文化体验区	鲲鹏村	▲		
渔人码头游览区	渔人码头	▲		
南湾风情渔港	南湾渔港	▲		
渔业科研孵化基地	东门海附近		▲	

续表

项目名称	建设区域（项目落地）	建设时序		
		近期	中期	远期
生态渔业养殖基地	东门海附近		▲	
"海丝"卫城小镇	烽火角	▲		
烽火角滨海旅游区	烽火角	▲		
生态自驾营地	大冲口		▲	
大冲口风情渔港	大冲口		▲	
入口门户游客服务站	大冲口	▲		

第三节　建设重点指引

一、历史遗产保护与开发

通过科学评估，确定各类文化遗产的保护等级和保护方式，鉴别出应谨慎进行旅游开发或近期不具备开发条件的文化遗产，按照区内不同片区的资源特色、开发强度和产业基础，设计和规范旅游业态，引入与区内环境氛围相融合的业态。文化遗产分类见表9-7。

表9-7　文化遗产分类

类型	内　容	旅游开发建议
不宜开发类	需要特殊保护的文物古迹；存在安全隐患未经修复的古旧建筑；不宜转化为旅游产品的其他资源	以保护修缮为主，尽量避免游客出入
限制开发类	具有重要保护价值的历史建筑、公共建筑、文化遗迹、民居、街道、城墙、非物质文化遗产等	以观光为主，控制游客规模和停留时间
低强度开发类	具有一般保护价值的民居、非物质文化遗产	以高品位、高端旅游产品为主

历史遗产产品主要形式包括：博物馆、展览馆；观光点、旅游服务接待；特色商业街、门店；精品民宿和演绎场所、手工作坊等。

（一）斗山古街区

通过商业价值提升，分析街道肌理，筛选出具有保护价值的建筑物、构筑物，如商埠、集市、街碑、牌坊、牌匾等，明确其保护及利用方式。筛选与升级现有业态，完善旅游服务配套，构建持续营运体系。

（二）铁路文化

通过文化记忆复原，深度挖掘文化资源内涵，重要节点复原，建设主题广场、博物馆，恢复铁路，打造铁路观光游线等。

（三）梅家大院

通过功能拓展，提升原有商业价值，植入影视文化创意项目。

（四）浮月洋楼、翁家楼等

通过度假空间营造，明确市场定位，策划相应的度假产品，完善旅游服务配套等。

二、产品开发

（一）观光旅游产品

观光旅游产品包括生态观光、文化观光和农业观光等旅游产品。其中生态观光包含北峰山国家森林公园、红树林湿地公园等；文化观光包含斗山镇步行街、海口埠、浮石村、浮月村、翁家楼等；农业观光包含稻田艺术、七彩苗木等。

台山中国农业公园的旅游基础较好，只要通过景观打造、游线设计、公共服务配套，就能推动台山中国农业公园旅游发展。

（二）度假旅游产品

度假旅游产品包括生态度假、乡村休闲、温泉度假和滨海度假。其中生态度假包含利众生态园、西部生态度假区等；乡村休闲包含五福村、东宁里等；温泉度假包含富都温泉、温泉湿地公园等；滨海度假包含海角城—古舟岛旅游度假区、休闲渔港等。

度假产品是台山中国农业公园旅游的核心内容，也是提升农业公园品质，打造品牌的重要环节。

（三）美食旅游产品

美食旅游产品包含都斛海鲜、菜花、广海咸鱼、台山鳗鱼、大米等。美食产品是台山中国农业公园的重要因素，也是吸引游客的一大亮点。

（四）节庆活动

节庆活动包含"海丝"文化节、侨乡影视艺术节、美食文化节、侨乡音乐节等节庆活动。节庆活动作为台山中国农业公园旅游发展的重要支撑，在扩大影响、维系品牌、调节收益、传承文化方面，有着不可或缺的作用。

三、环境保护措施

规划期内要重点控制旅游者活动与旅游开发活动对各级自然保护区的土壤、植被、动物、景观、大气、水等要素的影响。

联合环保、文物、林业、建设等相关部门，细化旅游资源开发、旅游活动开展对环境与资源负面影响的相关控制内容。

（一）建立系统的旅游环境管理规范

旅游局联合环保局等相关职能部门，建立旅游认证体系和生态旅游产品认证体系，以及相关法律法规对旅游生态环境的立法保护，对生态旅游产品进行产品认证，或对生态旅游地、生态旅游企业进行各类标准认证。

（二）严格旅游项目的环境审批控制

为加强旅游开发对环境负面影响的控制，旅游管理部门应协同环境管理相关部门对旅游开发项目的环境影响评价进行监督与控制，涉水旅游应将水源地、水质保护、水土流失防治、生态建设和保护以及工程所在区域自然、人文景观的保护纳入旅游研发规划，加强旅游风景区建设与管理，既要包括审批控制，也要从旅游规划的技术层面进行控制。此外，还要对建设项目实施中所使用的材质进行控制。

（三）制定游客行为教育、引导与管理的机制

游客行为教育与管理是旅游景区环境影响控制的重要手段之一，鉴于游客管理的长期性，旅游局应通过相应手段制定并颁布游客行为约束规范，建立健全游客信息发布机制，建立游客行为管理的奖励与惩罚机制，加强游客现场教育机制建设。

（四）建立旅游资源与环境保护专项资金

所有旅游企业都有旅游资源与环境保护的义务，应由旅游相关企业共同设立旅游资源与环境保护专项资金，作为环境与资源保护的投入来源。旅游产业大发展需要旅游资源与环境保护的大投入，应加大旅游景区环境监测、污水处理、垃圾处理等方面的公共设施投入与服务管理人员投入。

四、新能源利用

随着全球资源危机的加深，低碳模式成为各国最为推崇的城市和资源的发展模式。世界各国近年来也不断打出"低碳"的口号，提倡低碳社会、低碳经济、低碳生产、低碳城市、低碳社区、低碳旅游、低碳生活方式等低碳类型。

针对本次规划，低碳模式具体体现在以下几个方面。

（一）绿色交通管理模式

1. 慢行系统

本方案在规划设计中采取了电瓶车、自行车、步行相结合的绿色低碳交通模式。在入口处设置交通换乘站，在换乘集散点设置自行车、儿童特色滑轮、滑板等多种方式，方便游人换乘。

2. 步行连廊交通系统

在地块内提倡步行交通，减少和限制机动车辆的使用，在具体的设计中，设计了多条步行道路，完善步行系统。

（二）水低碳技术

水低碳技术的应用是整个低碳设计的关键。随着水资源的不断匮乏，健全的生态水系统不仅可以达到节能和削减污染物的目的，也可以提升园区的生态质量。

设计中主要考虑了雨水收集系统、渗水路面、中水处理三种水处理与循环方式。

在汛期有效利用雨水，利用保留雨水补充旱期的需水量，结合雨水收集系统，建设雨污分流管网系统，将雨水和生活污水进行分离。

（三）环境低碳方式

规划中，结合现状和方案设计考虑了平面绿化和立体绿化两个层次，致力于建设名副其实的生态绿色园区。

对于垃圾处理，规划遵循"分类收集、循环利用"的原则和方法，秉承国际上的3R原则（减量、再利用、循环），加强宣传，整体提高游人垃圾分类的意识。

（四）建筑低碳方式

建筑低碳节能方面：采取自然通风，注意与项目区风向产生呼应关系；注重建筑立面与屋顶绿化；引入太阳能一体化、绿色照明、新风系统、

Low-E 中空玻璃和太阳能遮光板等现代较为先进的低碳措施，将建筑类能耗降到最低。

（五）低碳产业

项目的农业产业提倡低碳运行的有机农业形式。

有机农业（Organic Agriculture）是指一种在生产中完全或基本不用人工合成的肥料、农药、生长调节剂和畜禽饲料添加剂，而采用有机肥满足作物营养需求的种植业。

五、营销建议

（一）客源市场分级

一级市场主要为珠三角地区和港澳地区。二级市场为广东省及广西壮族自治区；湖南的周边省份；长三角城市群。三级市场为高铁、高速沿线的湖北、江西、福建、重庆、四川、海南等省份；北方比较发达的城市；日韩、俄罗斯等东北亚地区；华人华侨聚集地区。

（二）客源层次定位

市场类型定位：乡村休闲旅游市场、生态农业体验市场、民俗文化旅游市场、休闲度假市场。

消费层次定位：中档消费以乡村休闲游、生态农业游、观光体验游、民俗文化游等游客为主；高档消费以休闲度假游客为主。

旅游方式定位：以家庭、学校出游为代表的小型团体旅游为主，旅行社组团游为辅。

游客年龄定位：以青少年游客为核心，带动各个年龄段。

游客职业定位：海外侨胞、公务员、中小学师生、商务人士和城市白领阶层。

（三）营销主体

营销的主体是政府、企业和协会。

（四）营销模式

营销模式主要体现体验旅游营销、品牌营销、关系营销、全媒体营销，其中全媒体营销包括电视、报纸、网络、户外显示屏。

整合营销：加强与周边县市合作，统合资源，发展不同形式的传播计划，构建产业供应体系，吸引更多消费群体。建立电子商务营销推广示范中心，联合区域发展。

网络营销：构建"互联网＋农业"组织网络，充分挖掘客户资源，建立核心区农业网络营销平台，积极加入大型农产品电子销售平台，如淘宝、阿里巴巴、京东、中粮等；通过关键字营销、微信营销、微博营销、App营销等多种方式连接消费者和潜在消费者。

物联网物流：引入物联网农产品物流配送系统，服务基于GPS和GIS技术建立，实现物流资源配置和管理，物流配送调度管理、物流信息查询等。

关系营销：深度挖掘消费者需求，通过关系营销、一对一营销、资料库营销等方式建立与消费者的紧密关系，并促使口碑营销的产生。

绿色营销：在产品质量、生态环境、休闲服务等方面，强调环保及自然资源保育的做法，维护生态多样性，以自然生态及环境保护为诉求，吸引有绿色理念的游客。

（五）营销战略步骤

台山中国农业公园整体开发项目的开发建设需要一个循序渐进的过程，市场营销要形象先行、产品跟上，在不同发展阶段和针对不同的市场采取不同的营销战略。园区的市场营销战略可以分为三个阶段。

第一阶段：产品创新战略。通过核心重点项目先行启动，抢得市场先机，整治农村环境，重点打造休闲旅游设施，成为台山农业休闲旅游的重要目的地之一。

第二阶段：形象美化战略。进一步挖掘台山文化，使园区成为台山文化展示的重要窗口；以产业为基底，实现规模化、特色化经营，推行"一园一特"，围绕亲子经济和都市农业发展旅游服务业；三产融合发展，增加就业机会、拓展增收途径，供给绿色农产品和休闲体验，使园区成为一个特色鲜明、景色优美的乡村度假、文化传承、民俗体验、绿色农产品供应基地。

第三阶段：产品精化战略。紧扣"三产融合"发展主线，融合园区旅游资源，使其成为国内有影响力的旅游品牌，成为以台山为主辐射周边省市的现代农业必游之地；进一步提升休闲旅游产品的品位，建设东南一流的农旅综合体。

第四节　规划项目库

按照现代农旅片区、侨乡文化片区、"海丝"休闲片区和生态度假片区四大分区，设置规划项目库，指导台山中国农业公园建设。片区规划项目库见第八章。

第五节　主题活动建议

台山中国农业公园深度挖掘台山市丰富的文化资源、民俗，结合台山特色农业生产，开展现代演绎活动、会议会展、观光体验活动及农业嘉年华项目，不断引爆聚集人气，通过四季活动实现"四季有会展、月月有节演"，如图9-1所示。

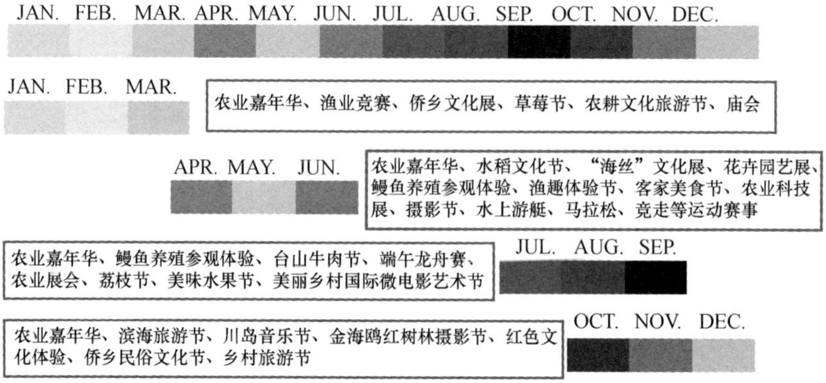

JAN. FEB. MAR. APR. MAY. JUN. JUL. AUG. SEP. OCT. NOV. DEC.

JAN. FEB. MAR.　农业嘉年华、渔业竞赛、侨乡文化展、草莓节、农耕文化旅游节、庙会

APR. MAY. JUN.　农业嘉年华、水稻文化节、"海丝"文化展、花卉园艺展、鳗鱼养殖参观体验、渔趣体验节、客家美食节、农业科技展、摄影节、水上游艇、马拉松、竞走等运动赛事

农业嘉年华、鳗鱼养殖参观体验、台山牛肉节、端午龙舟赛、农业展会、荔枝节、美味水果节、美丽乡村国际微电影艺术节　JUL. AUG. SEP.

农业嘉年华、滨海旅游节、川岛音乐节、金海鸥红树林摄影节、红色文化体验、侨乡民俗文化节、乡村旅游节　OCT. NOV. DEC.

图 9-1　不同月份主题活动示意图

第 十 章

相关保障措施

第一节　投资估算

项目区重点项目总投资估算为 23.18 亿元；政府投资主要在道路、基础设施、公共服务设施、生态类项目、农业嘉年华等,投资估算为 4.03 亿元,其余均为企业投资。片区指引投资估算见表 10-1。

表 10-1　片区指引投资估算

片区指引	主题区	内　容	预估投资（万元）	备　注
现代农业旅游片区	水稻文化主题区	包括稻田艺术博览园、稻文化体验园,展览馆、万亩稻田示范田	5800	
	滨海湿地温泉主题区	以温泉体验及湿地公园观光体验为主体,打造独崖岛滨海温泉	17500	
	探险运动主题区	登山、溜索、蹦极、漂流、滑草、攀岩、溯溪活动、山地自行车等项目	3300	
	浪漫休闲营地主题区	打造房车营地、热气球休闲营地等项目	500	
	花卉苗木主题区	建设苗木专类园、苗木主题庄园等项目	23100	
	休闲渔业主题区	发展度假休闲渔庄、休闲渔业风情体验园、森林公园等	22000	
	小计		72200	
侨乡文化片区	浮石主题区	以浮石历史文化名村为主体,涵盖飘色技艺工坊、农产品加工与体验园等	3300	
	铁路文化主题区	以斗山古街区为依托,包括陈宜禧纪念广场、斗山河龙舟会等旅游项目,配套游客服务中心、商业酒店等	4400	
	五福乐园主题区	以浮月村南洋建筑民宿体验区和五福村观光与风情体验为主体,打造农业嘉年华主题乐园	23300	
	渔港主题区	包括海口埠风情体验区和东宁里岭南建筑民宿体验区,丰富的水上游览项目	2400	
	影视主题区	围绕梅家大院,打造旅游影视基地、影视博览交易基地等项目	33000	

续表

片区指引	主题区	内　容	预估投资（万元）	备　注
侨乡文化片区	侨圩文化主题区	在成务学校基础上衍生侨圩书院、侨圩文化展馆等项目，发展上泽圩、汶央村民宿体验功能，利众生态园、欧式农业观光园项目	6600	
	建筑与儒家文化主题区	发展庙边学校私塾大讲堂、翁家楼建筑博物馆、李璧学校儒家文化广场，举人村观光与风情体验区	300	
	小计		73300	
生态度假片区	生态农业主题区	以沿河两岸的连片冲积平原及交通便利的丘陵地带为主，打造林果观光园、高效蔬菜生产基地观光园等	16500	
	民国建筑主题区	片区发展以敦寨仓库为主的旅游建筑文化观光体验	2200	
	生态景观主题区	依托大隆洞水库、凤凰峡景区，建设三洞生态观光区、大隆洞生态观光区、寻皇村乡村酒店等项目	17000	仅生态保护＋10%低限度开发
	红色文化主题区	围绕滨海松苑革命历史纪念碑，打造革命烈士纪念园、红色民宿体验区等项目	12100	
	小计		47800	
"海丝"休闲片区	渔村文化主题区	以冲塘休闲渔村和大洋休闲渔村为主体，同时依托岸线资源，发展老虎头滨海旅游区	3300	
	广海卫城主题区	片区发展以卫城遗址、海永无波公园、灵湖古寺和烽火角为主体的广海卫城文化游，发展以渔人码头、南湾风情渔港、大冲口风情渔港和鲲鹏村为代表的渔村文化体验游，拓展乡村度假酒店、企业活动中心等度假型项目	12100	
	客家文化主题区	包括长沙村客家风情体验区、杨中村客家风情体验区，发展客家民俗馆、白宵咀游船码头等	13200	
	滨海旅游主题区	依托区域优良的岸线资源，打造包括鹿颈咀滨海旅游区、大湾滨海旅游区、黄金海岸滨海旅游区、孤洲海岛旅游区，生态自驾营地和游船码头等设施配套	9900	
	小计		38500	
合计			231800	

第二节 效益分析

一、生态效益

（一）改善区域生态环境

实现土壤改良、水利设施建设、农业资源循环利用；通过标准化生产，减少农药、化肥等对环境的污染，同时对旅游人员产生的废弃物和生活废弃物进行无害化处理，提高项目区的林草覆盖率，改善项目区环境，实现可持续发展。

（二）保障食品安全

林果、苗木、粮食、蔬菜、海产品等基地，均按照绿色有机食品的标准生产，满足人们对安全食品的需求。严格控制农药、化肥的使用。

二、社会效益

1. 提高区域农业发展贡献率，通过先进的农业生产技术、品种，带动周边区域农业产业发展。

2. 项目区的建成将带来大量就业岗位，为周边地区劳动力带来就业机会，增加当地居民收入。

3. 通过台山中国农业公园的建设，加强对台山乃至江门侨乡文化的保护与传承。

4. 改善农村环境、提升整体风貌将是对项目区的最明显提升，尤其是重点项目建成后，将可以带动当地农村道路交通、水电通信等基础设施的建设，促进村容整洁，村貌美化；休闲观光农业所要求的市场化经营意识、现代的管理理念和高素质的管理团队，也有利于促进农村民主管理。

5. 搭建发展平台，通过提供品位高、功能全的配套服务，为入驻企业提供产销兼顾的落脚点和创业研发的孵化平台，同时通过整体营销，以整体品牌的构建推动单体品牌价值的提升，提高入驻企业的发展潜力。

三、经济效益

（一）带动区域发展

项目区通过现代农业及休闲农业的发展，政府进行初步投资，引入社会资本。从富通公司做的玉林五彩田园景区来看，引动社会资本投入将近60亿元，可直接带动项目区经济效益的提升。

（二）提高当地居民收入

通过农业经营模式的转变，休闲农业和乡村旅游的发展，将增加当地居民的就业机会和经济收入，同时带动当地的其他产业发展。

（三）促进产业结构升级

通过农业一二三产联动，融入文化内涵，实现产业升级、产村联动，发展农业种植及观光旅游，提高服务业的比重，充分发挥农业三产在整个服务业中的综合、关联和拉动作用，促进经济结构调整优化。

第三节 运营模式建议

一、开发模式

（一）近期

秉承"政府规划、企业运作、科技参与、项目带动、多方受益"的建设推进思路，政府对规划区进行全面规划，完善基础设施建设，继而招商引资，积聚资金、技术、项目，带动示范区的发展。

（二）远期

依托"政府引导、企业主导、科技支撑、品牌打造、持续发展"的建设理念，以企业投资为主，以科技支撑为手段，整体打造品牌；以政府投资规划为辅，引导其规范、持续发展，实现农民增收、农业增效。

二、经营模式

（一）实行精品化营销战略

创造精品化农旅示范园区品牌；通过打造精品化项目，以点带面，提升农业公园的现代农业发展水平。创造精品化农副产品品牌：以质创牌，产品安全质量必须100%符合食品安全标准，同时积极争取绿色食品、有机食品和GAP认证及地理标志登记等，发展品牌化农副产品推广基地。

（二）营销推广和品牌战略

树立良好的园区品牌形象，统一视觉导视系统，建立一体化品牌。注重全媒体传播推广，利用互联网、电视、户外广告等多种媒体进行宣传，邀请名人代言，增强园区知名度。推广合作关系策略，与国内、国际旅游机构建立合作关系，增加交流，提高知名度。

（三）重视文化融合

依托项目区深厚的历史文化资源，以"生态环境提升、精品农业展示、休闲度假体验、科技农业展示、历史文化传承"为核心，打造侨乡文化与现代生态农业、观光、休闲、体验相结合的中国农业公园。

三、运营体制

（一）政府扶持，市场运作，公司经营

政府引导并扶持，成立公司，以企业为主体运营，以市场机制运作，

推动中国农业公园可持续发展。

（二）游富带民富

侨胞或农民以民居或土地入股，成为中国农业公园开发的参与者，推出家庭采摘、家庭客栈等项目，共享旅游开发带来的利益。

（三）合作共赢

企业可以决定资金比例和开发过程，但必须接受政府的监督，且不能损害海外侨胞、当地居民和其后代的利益。

四、新型经营主体培育

培育新型经营主体为农业产业的发展提供重要的支撑，采用"大中小"融合的发展模式，通过引进龙头企业、鼓励建立合作社、吸引回乡创业人员、培育当地新型农民等方式实现核心经营主体的创新及活力的注入，激发村庄的活力，解决农村活力缺失问题。

（一）引进龙头企业及培育专业合作社，建立企业总部基地

建立企业总部基地，建设规模不少于 100 亩，每年吸引 2~3 家大中型企业入驻。政府为龙头企业及合作社提供园区配套基础设施建设的优惠政策，吸引企业及合作社入驻。

（二）建立创业园区，吸引回乡创业人员

建立回乡创业园区，建设规模不少于 1000 亩，为有知识技术、有资金的创业人员提供 100 亩以上创业基地的机会。政府为回乡创业人员提供三年无息贷款优惠，鼓励本地优秀人才回乡创业。

（三）培育"科研院所 + 龙头企业 + 合作社 / 大户"的模式

将科研成果在企业内推广转化，以农业龙头企业带动区域农业的科技创新，龙头企业通过"订单"等形式与农户建立稳定的利益联结机制，

带动农业增效，农民增收。

五、社会化服务体系

（一）科技创新与技术推广

（1）建立开放、高效的农业科技创新体系。与国内外知名农业科研院所及高校建立合作，充分利用科研院所、高校的科技、信息、技术、人才资源，建立科研试验、生产示范基地，走"产学研推"相结合的科技致富之路。

（2）建立研究中心、教授工作站。推荐与中国农科院、中国农业大学、广东省农科院等多家国内优秀科研院校合作，成立农业科技推广中心，建立科技创新合作与交流平台，加强国内外互动交流合作，为台山中国农业公园的农业产业的发展提供科研技术支持。

（3）建立"五个百"工程。

百项设备：集聚展示国内外先进林果业及养殖业设施设备。

百项技术：引进国内外农业高新技术，通过成果汇集，进行科技推广。

百项产品：对现代农业科技产品及成果进行优化选择，集中展示。

百家机构：集聚国内农业高等院校及科研机构，种植、养殖、农产品加工物流、信息化、市场营销等农业各个领域，打造农业科技引智中心。

百家讲坛：设立农业"百家讲坛"，吸引国内农业各领域专家来开展专题讲座，传播现代农业科学知识。

（4）积极开展农业科技培训、技术推广活动，使新型农民和中小企业管理者增长现代农业知识和提高技能。

主体培训是科技兴农的重要方面，培育新型农民，培训涉农中小企业管理者，是企业培训的主要方面，具体培训组织方式见表10-2。

表 10-2　主体培训表

培训主体	组织方式
新型农民培训	建立现代农业培训中心；积极构建新型农民教育培训管理和教学体系，进行生产技能培训、农业经营管理知识和技能培训等，培养一批有学历、高素质的现代职业农民，提高科技辐射能力
	建设农技服务中心，重点村建立农技培训服务站；建立和完善"镇有技术专家、乡有技术骨干、村有技术能手"的基层科技推广体系；开展培训、上户指导、发送短信、赠送科技杂志等农技多元化推广方式
	开展多元化培训活动： ① 组织农业专家、优秀的技术人员、龙头企业进行定期农业政策、农业知识、农业生产技能等多方面知识的培训，使文化素质不同的农民接受最新的农业技术，掌握先进的生产方法； ② 聘请国内外的优秀农业专家、农业企业家进行专题讲座，定期举办农业专题论坛和讲坛，探讨最新的农业发展方向，吸收先进的生产理念
涉农中小企业管理者培训	核心区内建立中小企业培训服务网络，形成多形式、多层次的企业自主培训体系，提高企业经营管理人员素质，提升企业竞争能力
	建立"网络在线培训工程"，在突破传统、固有的培训模式和教育方式上，实现培训管理数字化、信息化、科学化，提高培训效率
	举办中小企业科技成果展示会，开展成果转化交流会，加强中小企业管理者内部之间的交流

（5）开展"科技兴农"十项重点活动。

① 全区农业科技工作会议。

② 农业农村人才培养推进行动。

③ "12316 信息惠农家"活动。

④ 水稻、蔬菜等高产创建推进行动。

⑤ 园艺作物标准园创建活动。

⑥ 畜禽绿色科技行动。

⑦ 测土配方施肥技术普及行动。

⑧ 农机化技术推广培训行动。

⑨ 国际先进技术引进创新行动。

⑩ 农民专业合作社推广应用农业科技示范行动。

（二）农业生产服务

通过搭建农业生产资料供应服务平台、建设农事服务超市等，解决农村劳动力短缺、生产效率低的问题，提升农业机械化、现代化水平，推动台山中国农业公园现代农业产业发展。

（1）农业生产资料供应服务平台。其主要工作是完善农业生产服务，提供包括良种供应、现代化农业机械、优质化肥、农药、饲料等生产资料的供应服务。

（2）农事服务超市。按照"政府引导扶持，乡镇组织配合，企业自主经营，规范运作管理"的原则，建立农事服务超市，根据农事过程和农户实际需要，提供"代耕、代种、代管、代收、代购（农资）、代销（农产品）"的农业生产服务，解决农村劳动力紧缺、土地撂荒的问题，提高农机化水平，降低生产成本，促进农民增收。

六、运营建议

（一）大农业

（1）发展立体农业和创新农业。充分利用空间差、时间差组成高效生产系统，实行立体种养，高低错落、间作套种，前后搭配，互补共生，实行精养、混养、密养和分层养；在现有农业的基础上，充分挖掘特色、提炼文化、大胆创新，通过多彩种植、林下养殖等多种农业种养殖形式，形成特色农业产业，并通过产业链的延伸，丰富观光、休闲、度假等旅游功能，提升区域地产价值，为农业产业结构调整、新农村建设、农民生活水平提供保障，使三农问题也得到解决。

（2）发展绿色有机农业。针对"绿色有机"和广大市民的消费需求，建设一批无公害农产品、绿色食品和有机农产品基地，增加市场紧缺、适销对路的高端产品。大力实施农产品品牌战略，加大"三品一标"认证力度。

（3）发展多业态农业。培育新业态，发展生态农业、旅游农业、体验式农业等先导产业和节水农业、循环农业、精致农业等集约高效农业，由单纯发展一产向发展一二三产融合的"第六产业"转变；以市场需求为导向，引导农民瞄准市场需求，大力发展休闲旅游农业、绿色有机农业、出口型农业、品牌农业，实现多业态共同发展。

（二）大市场

（1）卖理念。独具匠心的理念，是一个项目的灵魂，它虽然不能带来直接的经济效益，却决定了项目可持续发展的前景，并能够从精神上吸引一批志同道合的旅游者。

（2）卖品牌。品牌能够提升项目的形象，提高地块的潜在价值。

（3）卖生态。它强调的是一种生态环境，一种低碳环保、有机乐活的理念，提倡建立人与自然、乡村与农业和谐的生态环境。

（4）卖流通。摆脱初级农产品的发展模式，延伸农业产业链条；在加强传统的产地市场、批发市场和跨区域冷链物流体系建设的同时，创新流通方式和流通业态，建立完善的农产品连锁经营、电子商务、物流配送等现代营销体系。

（5）卖生活。开发休闲农庄度假项目并结合休闲地产项目，让久居都市的游客在乡野田间享受一种慢节奏、自然品质的生活方式，而这正是市场的需求。

（6）卖项目。这里面积很大，里面有很多具体的项目。我们可以对有些项目先进行初期开发，然后把它卖掉，这就是卖市场升值后的溢价区间。

（7）卖综合。形成多产业融合，通过休闲农业项目整合资源，向旅游业、地产业等方向，分期投资，逐步发展。

（三）大生态

1. 注重生态循环

积极探索农牧结合、粮经结合、农机农艺结合等新型高效生态农作模式，大力推广应用节能减排降耗和循环利用资源的农业技术和生产方式；开展光伏、畜禽粪污资源化利用和农田残膜回收区域性示范，按规定享受相关财税政策；以协同发展为契机，紧紧抓住珠三角协同发展的机遇，加快发展绿色循环农业。

2. 注重节水农业

实施区域规模化高效节水灌溉行动，推广高效节水技术，扩大膜下滴灌、小喷灌、管灌等节水灌溉的覆盖范围，加快推广水肥一体化精准灌溉模式。扩大地下水超采区综合治理试点，争取国家重金属污染耕地修复、退耕还湿试点。

3. 注重造林绿化

造林绿化是涵养水源、改善环境最有效的举措，高标准、高效率推进各项生态工程建设，加快打造新型生态腹地，把各项生态工程建设的生态效益、景观效果、经济效益结合起来，既要"增绿"，还要"添彩"；加强珠三角生态共享共建，积极争取各方面支持，走出一条多元造林、产业兴林、建管并重的发展路子；坚持市场化运作，广泛吸引社会投入。

（四）大旅游

1. 加大旅游与农业结合力度

要积极扶持水稻、蔬菜、林果等种植与旅游休闲相结合的产业项目，在用地、融资上开一些"绿灯"，大力发展都市观光型、采摘体验型的产业，提高农业附加值和综合效益；要开拓新市场，大力发展旅游休闲农业和优质农产品市场。

2. 发展差异化、集群化、品牌化旅游

突出侨乡文化旅游特色，发挥对比优势，并通过政府引导、资源整合、企业参与，在重点区域形成内容丰富、链条完整、软硬结合的特色文化旅游集群；重点打造"海""侨""农"相关的特色产品品牌。

第四节　支撑保障体系

中央财政部下达的 2016 年农业支持保护补贴、农机购置补贴、农业技术推广和服务补贴等，累计金额约为 2011 亿元。中央财政按照每村每年 150 万元的标准，计划"十三五"期间在全国建成 6000 个左右美丽乡村。安排文化遗产保护补助资金 81.1 亿元。补贴详细说明见表 10-3 ~ 表 10-5。

表 10-3　2016 年国家补贴金额农业项目补贴详细说明

序号	补贴部门	补贴项目	补贴额度（元）
1	财政部	龙头企业带动产业发展和"一县一特"产业发展试点项目	300 万 ~800 万
		农业综合开发农业产业化经营项目	50 万 ~300 万
		农业综合开发林业专项	不低于 120 万
		农业综合开发新型合作示范项目	50 万 ~200 万
2	农业部	农业综合开发土地治理项目	500 万左右
		现代农业园区试点申报立项	1000 万 ~2000 万
		中型灌区节水配套改造项目	不低于 1000 万
		扶持"菜篮子"产品生产项目	300 万以内
		农业综合开发农业部专项（良种繁育、优势特色种养项目）	200 万 ~500 万
		大中型沼气工程中央投资项目	100 万 ~200 万
		农产品产地初加工补助项目	项目总投资的 30%左右
3	发改委	现代农业示范项目	200 万 ~2 亿
		重点产业振兴和技术改造专项项目	项目总投资的 10%
		资源节约与环境保护中央预算内投资备选项目	项目总投资的 10%左右

续表

序号	补贴部门	补贴项目	补贴额度（元）
3	发改委	经贸领域中央投资项目	500 万左右
		节能改造财政奖励备选项目	项目总投资的 10% 左右
		标准化养殖场（小区）建设项目	30 万 ~100 万
		奶牛标准化养殖小区（场）建设项目	80 万 ~170 万
		生物质能综合利用示范项目	项目总投资的 10% 左右
4	能源局	绿色能源示范县建设补助资金	2500 万
5	科技部	农业科技成果转化资金	60 万 ~300 万
		中小企业技术创新基金现代农业领域项目	不超过 80 万
		富民强县工程	一般 300 万以下
6	工信部	中小企业发展专项资金	300 万
7	扶贫办	产业化扶贫项目	500 万

表 10-4　2016 年广东省资金补贴农业项目补贴详细说明

序号	补贴部门	项目名称	补贴金额
1	省财政厅	省级农作物良种良法示范基地建设项目	250 万元
2	省农业厅、财政厅	现代种业育繁推一体化创新发展联盟建设	不超过 520 万元
		农作物种子质量监督检验体系	不超过 350 万元
		农业对外合作项目	不超过 150 万元
		耕地质量保护和提升项目	380 万元
		现代农业科技创新联盟建设项目	1900 万元 +45 万元 / 年
		省重点农业龙头企业贷款贴息项目资金	每年贴息总额不超过 60 万元 / 企业

表 10-5　2016 年美丽乡村补贴详细说明

序号	补贴部门	项目名称	补贴金额
1	农业部	美丽乡村	150 万 ~300 万元 / 村
2	住房和城乡建设部、历史文物局	国家物质文化遗产	共 74.5 亿元
		非物质文化遗产	共 6.64 亿元
		文化站 + 文化活动室	17 万元 / 座
3	广东省省委农办、财政厅	新农村示范片建设	共 14 亿元

一、互联网 + 农业

近年来，阿里巴巴、京东等互联网、物联网企业纷纷涉足农业产业地产，主要是依托农业产业，为企业主流业务及物流、存储等关联衍生产业提供基地，同时配套酒店、商业休闲、居住等设施，有创业村的性质。另外，农村土地市场化运作与电子商务进行了新的联合，通过互联网私人定制农场落地。通过融合互联网，现代农业有着更为巨大的发展潜力，更加多元化的发展模式，更加壮观的发展前景。

（一）阿里巴巴的"聚土地"——定制农业、精细农业

由浙江省供销社直属企业浙江兴合电子商务有限公司联合阿里巴巴集团、绩溪县庙山果蔬专业合作社等单位在安徽省绩溪县实施了一个名为"聚土地"的项目，将土地流转与电子商务结合起来。农民将土地流转至电子商务公司名下，电子商务公司将土地交予当地合作社生产管理，淘宝用户通过网上预约，对土地使用权进行认购，并获得实际农作物产出。值得注意的是，除获得土地租金外，参与项目生产环节的农民还能获得工资。据介绍，目前绩溪已有超过 400 亩土地被认购。产业模式如图 10-1 所示。

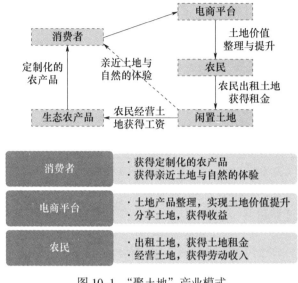

图 10-1　"聚土地"产业模式

将零散土地收集、产品化、再分发的模式，既迎合了大城市居民对生态农产品的需求和对乡土记忆的回味，又盘活了大量闲置零散农地，实现农地价值的增值。

针对定制化市场小规模、多种类的特征，通常选择零散农地分布的丘陵区应对差异化需求；考虑到区域内外零散、高频的沟通，场地也需要有相对便捷的对外交通条件。

（二）京东直销基地——"供给侧"改革背景下，规模农业发展趋势

随着网购的普及以及人们对健康生活理念重视程度的加强，消费者网购原生态、有机食品的消费需求在不断增长。京东通过开放平台持续开拓地方农产品直供基地，加上自建的物流体系，努力打造国内首选的原生态、有机食品的网上销售平台。

目前京东先后在新疆阿克苏建立瓜果基地，在河北高碑店建立"有机农产品直供基地"。其 CEO 更是早在 2011 年就开始承包土地种植大米，并在京东上销售。产业模式如图 10-2 所示。

图 10-2　京东直销产业模式

京东与河北三利生态农业基地签订了战略合作协议，根据协议，京东将在河北高碑店建立"有机农业产品直供基地"，实现日韩梨、雪花梨、有机核桃、原生态散养鸡等农产品的直供，并成为该基地生产队品牌原生态黑猪肉的独家网络销售平台，而该基地将在京东建立特色产品专卖店。

这使该基地改变了传统农产品消费市场的圈层式外溢，实现平台对平台的管道式传输。直销基地模式的规模化、平台化、高附加值和衍生产品机会是响应农业供给侧改革的一种发展趋势。

京东"直销基地"实现农产品规模化直采直供的经营模式，需要大面积连片农产腹地提供大宗农副产品；大量农产物资外送需要快速外向的交通条件，通常选址在高速下道口周边布设；仓储配送平台建设需要依靠城镇实现建设用地供给和公共设施辐射。

（三）信息平台和物联网构建

利用"互联网＋农业"的发展机遇，推广、扩充陕西"白河模式"和"大荔模式"，利用云平台的先进理念，突破地域限制，实现信息资源、专家资源、系统资源等共享。"互联网＋农业"整体解决方案如图 10-3 所示，应用场景如图 10-4 所示。

基础网络设施：建设电子商务体系，完善信息进村入户，实现"一网对农村"的信息化服务高速通道。

农村综合信息服务站：形成县市、乡镇、村三级农村信息化服务体系。

专业信息服务站：以龙头企业、专业合作社、农业示范基地等为依托，建立专业信息服务站。

公益加市场的农业农村信息服务模式：政府引导运营商和专业机构拓展农业农村信息化服务，形成公益加市场的信息服务模式。

物联网物流：引入物联网农产品物流配送系统，实现物流资源配置和管理、物流配送调度管理、物流信息查询等，建立仓储物流配送中心。

构建农产品质量追溯平台：建立农产品质量安全检测中心，严格把控核心区农产品的质量，实现核心区农产品在生产、加工、流通、消费等各阶段的全程管理与追溯。

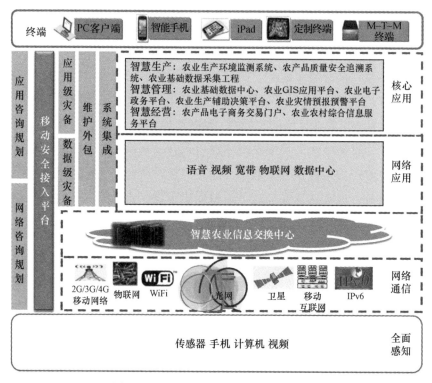

图10-3 "互联网+农业"整体解决方案

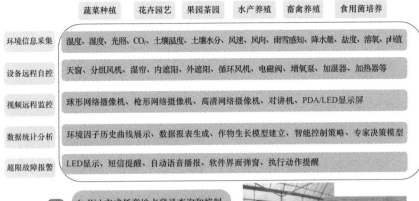

	蔬菜种植	花卉园艺	果园茶园	水产养殖	畜禽养殖	食用菌培养
环境信息采集	温度、湿度、光照、CO_2、土壤温度、土壤水分、风速、风向、雨雪感知、降水量、盐度、溶氧、pH值
设备远程自控	天窗、分组风机、湿帘、内遮阳、外遮阳、循环风机、电磁阀、增氧泵、加湿器、加热器等
视频远程监控	球形网络摄像机、枪形网络摄像机、高清网络摄像机、对讲机、PDA/LED显示屏
数据统计分析	环境因子历史曲线展示、数据报表生成、作物生长模型建立、智能控制策略、专家决策模型
超限故障报警	LED显示、短信提醒、自动语音播报、软件界面弹窗、执行动作提醒

功能特点
- Web方式任意地点登录查询和控制
- 控制设备远程手/自动控制
- 动态视频远程辅助现场管理
- 作物生长模型建立及智能控制策略
- 现场LED显示屏显示及语音播报

图 10-4 "互联网 + 农业"应用场景

二、保障体系

（一）政策保障

国家对于国家农业公园及农业相关政策的倾斜力度不断加强，将对台山中国农业公园的建设提供坚实的政策保障；加大对国家政策的关注力，推动顶层设计和基层探索良性互动、有机结合。

（二）资金保障

利用政策扶持资金：以农业公园各类项目为支撑，积极争取国家、省、自治区、直辖市各级政府对美丽乡村建设（危旧房改造、农村公共服务设施、农村基础设施等）的扶持资金，以及现代农业建设（科技示范、技术推广）、休闲农业建设等方面的扶持资金，充分利用各项农业发展建设优惠政策。

拓宽投融资渠道：借力珠三角经济圈发展和大广海湾经济区建设，盘活侨乡资源，借势"一带一路"的国际贸易交流能力，引来多方资本的投入。

完善农业金融服务体系：构建完善以政府为主导、商业性金融机构为辅的农业金融体系，建立市场化的风险转移机制，以重点项目吸引各方面社会资金参与建设，并将农民纳入项目建设体系和利益体系。

（三）技术保障

加强与高等学校、科研院所的合作，引进相关的农技推广项目；进行先进适用农业技术的引进与创新，建设"百项技术"资源储备库。

（四）人才保障

（1）制定长期的人才引进计划，形成人才梯度，聘请管理精英、招揽技术骨干。

（2）培育新型经营主体，通过引进龙头企业及培育专业合作社、家庭农场。

（3）通过制定优惠的政策，鼓励海外华侨和外出务工人员返乡创业。

三、保障措施

（一）加快下一步详细规划编制等相应工作，推进规划落地实施

在总体规划的指导下，加快下一步重点项目的详细规划编制等相应工作，推进园区内重点项目落地实施，以点带面，带动园区的发展；同时对规划的实施进行宏观调控和引导，根据发展进程适时调整产业发展政策，积极引领产业发展的主导方向。

（二）积极申请创建品牌

在科学规划的指导下，园区内有序、有步骤地落地实施的同时，积极申请创建国家、省市品牌，如向农业农村部和国家旅游局申请"全国休闲农业与乡村旅游示范点""中国农业公园"、国家旅游景区、国家农业产业化示范基地等，以及广东省品牌。

（三）产业和重点项目分类指导和重点扶持相结合，创新产业发展管理机制

政府要采取分类指导和重点扶持相结合的方式，合理引导规划区各产业、乡村建设发展。按照规划导向，对于重大建设项目、重要科技项目以及重大引进项目等，合理筛选、立项和布局，并向重点村庄实施倾斜。借鉴上海、萧山、武进等地农业项目建设管理模式经验，由业务主管部门牵头，各相关部门参与，建立重点产业发展宏观调控与项目管理协调机构，依法加强重大项目的审批与监管，加强产业建设发展和管理中的会商和协调，实现健康、快速发展。

（四）优化投资环境，加大对农村经济的扶持力度

进一步优化投资环境，鼓励和支持外资及社会资本投资现代农业、美丽乡村建设，制定积极的财政扶持政策，鼓励支持本地农户增加对休闲农业与乡村旅游、果蔬、花卉苗木、林果等产业的投入，发展农村新经济组织，积极参与示范带的建设发展。加大政府财政对农村的扶持力度，扶持农业产业化基地，扶持农业龙头企业技改项目，对优质品牌建设实行奖励政策，对农民专业经济合作组织进行扶持，鼓励创新，探索奖励农民信贷担保机制，解决农民资金短缺问题。

（五）转变管理部门职能，增强服务能力和水平

着力增强职能部门的服务能力，提高服务水平，重点是要切实做好产业发展和运行的动态信息监测，及时分析、评估和发布产业运行的状况，提供辅助决策支持；建设综合信息服务平台，提供市场、技术、资源配置、国内外相关产业发展动态、政策、法规等综合信息服务；切实抓好科技人才的培育和引进，加大对创新发展的政策扶持，提升产业发展的科技含量；积极发挥政府职能部门的协调和组织作用，为开拓区际市场提供综合协调服务。努力营造一个宽松的政策环境和一个健全的法制环境，提供公开、公平、公正竞争的产业发展平台。

四、强化乡村治理

（一）逐步推行扩权强镇，推进以法治村

逐步推行扩权强镇，下放赋予乡镇部分对县级经济社会的管理权，加大乡镇财政保障力度，项目区内乡镇土地出让金和城镇建设配套费返还乡镇，用于场镇基础设施建设。

积极推进以法治村，引导群众正确处理与协调个人、集体和国家利益之间的关系，规范提高村民素质，提高自治水平。

（二）加强生态环境建设，加强污染防治和生态修复工作

加强生态环境建设，建立和完善生活垃圾收集转运和集中处理机制，深入开展农村面源污染防治和生态修复工作。

对集中式饮用水源地进行保护和标准化整治，对场镇小流域进行污染治理。建设乡镇污水处理站及其配套的污水收集管网，实行生活污水无害化管理，达标排放。

加大投入，提升畜禽养殖污染防治能力，积极采取措施逐步减轻农村面源污染。

（三）开展廉租房建设、危旧房改造，完善基础设施配套

试点开展农村廉租房建设，按照"建改保"分类实施农村危旧房改造，打造依山就势、错落有致、适度集中的村落民居。

实行基础设施向新村配套、公共服务向新村延伸，支持发展特色种养业和乡村旅游业，积极开展文明场镇、文明村、星级文明户创建活动。

（四）引导生产要素向农村流动，增强农村发展的内生动力

通过政策鼓励与市场化手段引导资源要素向农村配置，吸引社会资本进入农村，同时引导更多的信贷资金、社会资本投向农业生产和农村建设，使资本要素在农村得到流动和富集。

通过产业发展、政策扶持、财政补偿等制度，吸引人才，并向农村

派驻新农村指导员、大学生村官、科技特派员，加大对新农民的培训力度，提升农村劳动力素质，增强农村发展的内生动力。

（五）拉平城乡政策差距

建立社会保障制度，核心区居民在养老、医疗、失业、工伤及生育等各项社会保险等方面享受同等的政策待遇。

（六）加强基层党建

充分发挥农村基层党组织和党员干部队伍在推进新农村建设中的领导核心作用、骨干带头作用和先锋模范作用。

由管理型向服务型转变：加强基层党组织的服务功能，促进村级党组织由管理型向服务型转变。镇乡建立便民服务中心，村设立便民服务站，不断提升党组织服务水平，增强基层党组织凝聚力和战斗力。

夯实基层党建，完善社会治理：配齐配强镇乡村干部队伍，与中国农业公园发展紧密结合，规范建设党员教育、活动阵地，加大在农村优秀青年人才中发展党员的力度；推行"贤能治村"，鼓励外出创业成功人士回乡竞选村"两委"负责人，加大社会治理力度。

村规民约是指乡村居民共同商量、共同讨论、共同制定，每个乡村居民都必须遵守和执行的行为规范。村规民约是美丽乡村建设的加速器，应制定村规民约，完善村务公开，在农村建设发展的具体事务中强化村民自治，改善基层治理。

推出"4+2"工作方法："4+2"指的是"四议两公开"，具体内容如下。

"四议"是指：

（1）村支部提议。所有村内重大事项决策前，由村支部负责收集来自各个渠道的意见建议，在广泛征求党员、村民代表及广大村民意见的基础上，形成提议议案。这些要形成议案的事项可以由党支部根据当前工作需要提出，也可以由村民根据自己遇到的问题提出，只要是涉及村务的内容，都可以作为议案提出。

（2）村两委会商议。对于村支部提出的议案，要召开支委和村委的两委联席会议充分讨论，对意见分歧较大的事项，根据不同情况，采取口头、举手、无记名投票等方式进行表决，最后按少数服从多数的原则进行协商。

（3）党员大会审议。将两委形成的商议意见交由党员大会进行讨论审议，充分听取每位党员的意见和建议，村"两委"再根据党员提出的审议意见进一步修订、完善实施方案。

（4）村民代表大会或村民会议决议。把党员大会的审议意见和修订后的实施方案交村民代表大会或村民会议进行讨论。要求会议参加人数达到法定人数后，方可形成决议。

"两公开"是指：

（1）决议事项公开。对村民代表大会或村民大会形成的决议采取适当的形式向全体村民公告三天以上，听取群众的反馈意见建议，特别是要听取不同利益相关者的意见，根据这些意见反馈再对决议进行补充完善。

（2）实施结果公开。最终决议意见在党支部的领导下由村委会组织实施，并对实施的情况和结果及时公示。

村党支部对批宅基地、确定低保户、土地整理等重大事情可以实施"4+2"工作办法，根据党员、村民代表及广大村民的意见形成提议议案，对议案召开村两委会商议，商议意见交由党员大会审议，最后的审议修改意见由村民代表大会或村民会议决定。决议公开三天以上，实施结果及时公示。从制度上保障村民的知情权、决策权、参与权和监督权，界定村干部的办事权限。

第十一章

建设成效与管理运营

第一节　农业公园建设成效

　　台山市委、市政府高度重视，迅速行动，投入人力、物力，加快台山中国农业公园的建设，经过近三年的紧张施工，共投入 6000 万元以上，目前有三个起步区已初见成效：南粤古驿道海口埠广府人出洋第一港、浮月洋楼乡村游、禾海稻浪水稻文化主题园。图 11-1 为台山中国农业公园入口，图 11-2 为广府人出洋第一港主题公园，图 11-3 为浮月村现状，图 11-4 为禾海稻浪水稻文化主题园，图 11-5 为台山中国农业公园牌匾。

图 11-1　台山中国农业公园入口

图 11-2　广府人出洋第一港主题公园

图 11-3　浮月村现状

图 11-4　禾海稻浪水稻文化主题园

图 11-5　台山中国农业公园牌匾

一、美丽乡村建设成效

（一）田园美景

台山境濒临南海，毗邻港澳，农业资源丰富。有耕地面积72.2万亩，其中水田为60.0万亩，有"广东第一田"之称誉；山地面积为240万亩，其中25度以下山坡地有45万亩，可种植"岭南佳果"；海（岛）岸线长587km，可开发利用海岛和滩涂发展海水养殖，南海辽阔的海域，可发展海上捕捞，建设"海上台山"。台山中国农业公园的田园美景大致分为田野美景和渔家美景两类。

项目建设以来，高标准基本农田建设项目、粮食高产示范片建设项目、"广东第一田"示范基地建设项目的推进，使项目区内田园美景得到进一步提升。台山中国农业公园依托都斛"广东第一田"良好的水稻种植基础以及较为完善的基础设施条件，打造了现代农业旅游片区重点项目"万亩优质水稻生产示范田"，特点是采用规模化种植、功能化种植、立体种养等模式。图11-6为农耕文化展示馆,图11-7为水稻文化园,图11-8为观景平台。

图11-6　农耕文化展示馆

规模化种植：推广有机肥、氧化塘等生态技术，建设规模化绿色生态稻米标准化生产基地，严格按照绿色有机食品安全标准化生产。功能化种植：引进富硒稻米、彩色稻米等功能性品种；立体种养：即采用莲稻轮作方式，同时结合稻鸭、稻蟹、稻鳅等立体养殖模式提高稻田利用率和收益，实现生态种养。

继续完善升级田间道路并建设稻田观景台，给游客提供更好的游览体验。项目区内有大片稻田，禾苗郁郁葱葱，微风吹过，碧波荡漾，处处展现出田园牧歌式的迷人风光，让游客如痴如醉。

图 11-7　水稻文化园

图 11-8　观景平台

（二）地貌美景

台山市土地总面积为 328630.05hm²，地貌类型多样，有丘陵、山地、平原、海岸、岛屿。全市山地丘陵占 60.5%，平原占 39.5%。南部海上有大小岛屿（礁）268 个，占全省岛屿的 1/5，其中面积 500m² 以上的岛屿有 96 个。台山大陆海岸线曲折，呈西南—东北走向，长 294.8km，占全省海岸线的 1/11。沿海岸线分布有大小海湾 35 个，湾内滩涂广阔，共有 157 km²。

项目建设以来，不断完善北峰山国家森林公园、凤凰峡、广海石窟诗林、古舟岛和黑沙湾海滨浴场等风景区的基础设施建设，并围绕北峰山、凤凰峡和古舟岛重点打造了水木芳华度假区、凤凰峡生态景观观光区和古舟海岛旅游区。图 11-9 为凤凰峡，图 11-10 为凤凰漂流。

图 11-9 凤凰峡

图 11-10 凤凰漂流

（三）水系美景

台山中国农业公园项目区内主要的河流有大隆洞河、斗山河和赤溪河。台山中国农业公园项目区内有一知名景点——大隆洞水库（图11-11）。

大隆洞水库位于台山市端芬镇西部大隆洞河上游，面积为2.2万亩，始建于1958年9月，是一座以灌溉为主，兼防洪、发电、养鱼综合利用的大型水库。水库集雨面积有148km²，可容纳水量2.5×10⁸m³。灌溉面积为15万亩，防洪保护面积为25万亩。灌区有端芬、广海、冲蒌、斗山、都斛、赤溪六个镇，是台山市商品粮基地之一。

图11-11　大隆洞水库

（四）社区美景

项目建设以来，台山市积极开展文明创建活动，持续推进"国家文明城市"和"美丽乡村"创建工作，整治村庄居住环境，完善基础设施配套及公共服务，保障社会和谐稳定，宜居城乡创建有序推进。另外，围绕平洲村和五福村重点打造了平洲举人村（图11-12）观光与风情体验区，以五福村观光与风情体验区来向游客展示项目区内社区美景。观光与风情体验区主要完善村落基础设施建设（如乡村道路建设；村道、巷道改造；塘沟整治；危房改造等），尽量保留原生态村落环境，给游客展示最淳朴自然的社区美景。除此之外，在平洲举人村观光与风情体验区修复失传的石碑，建立碑林，正"举人村"之名，把数百年"举人之风"一代代传承下去；在原址重建"平洲影剧场"，恢复表演节目，使游客体验平洲村原始生活风情，增加旅游趣味性。

二、农耕文化建设成效

（一）传统农耕文化

1. 特色农产品

台山中国农业公园位于台山市南部区域，北峰山脉以南，域内地貌类型多样，河网密布，位于北峰山、铜鼓山、大隆洞山之间的三角地带及大隆洞山以南的区域是海积平原，有市内最大的海湾——广海湾。受海洋天气影响，台山中国农业公园区域夏季不酷热，冬季不严寒，气候温和，雨量充沛，日照充足，热量丰富，具备发展种植业和养殖业的天然优势。

（1）大米

项目区有多个水稻种植基地，出产的大米口感香甜，软滑不腻，以这些大米为原料生产的台山米粉口感香甜，是非常具有台山特色的特产。台山水稻年播种面积为7.2万hm^2，优质稻覆盖率达到99.86%，年产大米25万多吨，是广东省水稻种植面积最大、优质稻种植面积最大的县级市，也是国家优质商品粮基地之一，素有"广东第一田"的美誉，如图11-13所示。

图 11-12　平洲举人村

图 11-13　"广东第一田"

（2）蔬菜

椰菜花为都斛镇土特产；西栅西洋菜为斗山镇土特产；斗山茭笋为斗山镇土特产。

（3）水产品

广海咸鱼：广海镇特产。这里的居民逐水而居，既耕种又打鱼。广海居民渔获之余，或晾干或用盐腌制（图11-14），以备不时之需，或出售贴补家用。广海咸鱼的知名度很高，制作工艺在广海地区流传已有600多年历史，很受市场青睐，畅销国内外。

图11-14　咸鱼场

铜鼓紫菜：赤溪镇土特产。居民到附近海面的大礁石采集紫菜。铜鼓附近海面，风浪特大，为特产紫菜的生长创造了优越的自然条件。

2. 农耕文化底蕴

台山中国农业公园具有丰富的农耕文化底蕴，在传统音乐、传统舞蹈、民俗等方面带有浓厚的台山农耕文化特色。在传统音乐方面，有台山民歌、台山曲艺、赤溪客家山歌；在传统舞蹈方面，有斗山跳禾楼；在民俗方面有台山浮石飘色、广海打龙船等。

3. 水稻农耕文化的传承

依托全国商品粮生产基地、广东粮食主产区、"广东第一田"等水稻资源优势，台山中国农业公园深入挖掘水稻耕作文化内涵和时代价值，积极发展以农耕文化观光体验为内容的乡村旅游产业，注重民俗风情、户外生活体验，让外来游客充分体验当地风土人情，品原生态农家风味。同时，增强游客真实的农业生产体验，允许游客去指定的田地、林地、菜地或鱼塘种植、养殖或获取食材，体验农耕文化的熏陶。台山以发展农耕文化旅游为契机，发展各种旅游外延产品，积攒人气，搞活美丽经济。台山中国农业公园在农耕文化传承与保护方面的措施突出体现在"禾海稻浪"水稻田生态文化主题园的打造上。"禾海稻浪"水稻田生态文化主题园位于台山市都斛镇莘村、下莘村所辖区域，面积为 10380 亩，投资超亿元，是广东首个水稻主题园，也是集农业示范、农耕体验、科普教育、旅游观光、休闲娱乐、温泉度假于一体的稻田生态文化主题园。

（二）现代农耕文化

台山中国农业公园现代农业的发展始终突出良种化、科学化、技术化、集约化等。

1. 推动主导品种和主推技术应用

项目区每年都公布适宜本地推广的主导品种和主推技术，并通过建设技术展示点、举办现场观摩会等形式推动主导品种和主推技术的应用。

2. 生产基地建设

（1）万亩优质水稻生产示范基地

在莘村等地建设万亩水稻田，通过规模化种植、功能化种植、立体种养等打造万亩优质水稻生产示范田。

规模化种植：推广有机肥、氧化塘等生态技术，建设规模化绿色生态稻米标准化生产基地，严格按照绿色食品安全标准化生产。

功能化种植：引进富硒稻米、彩色稻米等功能性品种。

立体种养：采用莲稻轮作方式，同时结合稻鸭、稻蟹、稻鳅等立体养殖模式提高稻田的利用率和收益，实现生态种养。

（2）鳗鱼养殖基地

在东宁里北部鱼塘连片地区建设 5000 亩鳗鱼养殖基地（图 11-15），改变传统养殖模式，积极向温流水式养殖及加温循环过滤式养殖模式转变，提高养殖效率。同时，开展科研示范，引进、培育、研制鳗鱼人工养殖的优良品种，缩短养殖周期，推广养殖新技术，研究鳗鱼加工中副产物的利用，提高效益。

图 11-15 鳗鱼养殖基地

（3）生态渔业养殖示范基地

在坑口、冲塘、冲南南部滩涂区城建设 500 亩生态渔业养殖示范基地，大力发展鳗鱼、斑节对虾、台山青蟹等养殖，提高良种覆盖率，适度引进新品种，优化养殖结构。同时，开展工厂化养殖、"渔光一体化"等节能高效工程的建设。

3. 科研基地建设

（1）水稻高效科研生产示范基地

在莘村等地万亩水稻田建设约100亩的水稻高效科研生产示范基地。建立科研培训机构，设立100亩实验基地组培、分析检测、生理生化等先进、专业性实验室。引进培育优良品种，提高育种技术，探索推广种植新技术，加快谷糠、秸秆等副产物的循环利用。

（2）渔业科研孵化基地

在东门海周边鱼塘及滩涂区域建设500亩科研孵化基地，一是与科研院所合作建立包括鱼类解剖、水生物实验室、标本实验室、微生物培养等先进的实验室。二是研究渔业、美食、药用等，开发鱼美食、鱼药材，为旅游提供服务。三是开展科普展示、扶持互动。

三、民俗风情建设成效

（一）饮食文化

1. 举办台山特色农产品美食嘉年华

时间：1月7日至10日。

地点：台城石花文化广场。

亮点：在2017年美食嘉年华活动中，超过六成的摊位是台山特色摊档，展示了台山市众多的特色农产品、土特产和特色美食。4天里，美食嘉年华活动吸引的人流量达到20万人次，旅游经济收入超过1000万元。

2. 赤溪镇第二届擂糖糊大赛暨客家美食嘉年华

时间：5月13日至14日。

地点：赤溪镇田头圩。

亮点：2017年活动的主题是"寻找客家风情美食、建设滨海旅游小镇"。该活动将赤溪镇独特的滨海旅游和客家美食文化充分结合起来，既挖掘了餐饮文化内涵，树立客家美食文化品牌，又响应了"全域旅游""乡村旅游"的区域发展战略，对进一步繁荣赤溪的旅游文化事业，推动当地旅游业、餐饮业发展，更好地打造赤溪滨海风情小镇和珠三角短途休闲旅游热点地区，都产生了十分巨大的影响。

（二）生产、生活习俗

（1）农业：迎春、祭灶。
（2）手工业：拜师酒、开工酒。
（3）商业：敬财神、打牙祭。
（4）建筑业：拜鲁班、打牙祭。
（5）生活习惯："三月三""五月节""乞巧节""装旺香"等。

（三）节令节庆

"打龙船"：在广海地区，"打龙船"传统上在端午节（农历五月初五）这一天举行，出发点是纪念伟大爱国诗人屈原投江殉难的爱国壮举，目的是祈祷国泰民安、五谷丰登、百业兴旺。

"飘色"巡游：斗山镇浮石"飘色"巡游逢大年初六、三月三和九月九等举行。每当节日"飘色"巡游，全村沸腾，在外乡的人也纷纷回乡庆祝，邻乡亲朋也一起来凑热闹。

（四）民间工艺

台山的民间工艺以大江传统家具制作技艺、冲蒌编织、传统铸剑技艺以及传统中式手绘仿古墙纸技艺等，最能体现台山悠久的历史、浓厚的文化底蕴。其中，大江传统家具制作技艺是省级非物质文化遗产项目，冲蒌编织是地市级非物质文化遗产项目，铸剑技艺以及传统中式手绘仿古墙纸技艺是县市级非物质文化遗产项目。

台山中国农业公园在建设中注重旅游业与民间工艺的协同发展，通过旅游业提高民间工艺的知名度，以挖掘商业价值的方式实现对民间工艺的传承发展；同时，通过民间工艺的展示，丰富农业公园的文化内涵和彰显台山特色，吸引更多游客前往参观和消费。

1. 定期举办主题活动及展览会

在斗山镇五福村建设农业创意厅、农业展厅等载体，定期举办主题活动及展览会，展示台山特色农产品以及冲蒌编织品、传统中式手绘仿古墙纸制品等民间工艺品。

2. 复兴斗山古街区

将商业复兴计划融入斗山古街区的建设中，突出完善街巷排水改造、旅游标识设计、游客服务中心的建设，促进传统工艺品的售卖制作。

（五）村规民约

台山中国农业公园建设注重发挥村民的主体作用，要求在村规民约的制定中切实提高居民的参与度与知晓率，在达成共识的基础上自觉遵守。在村规民约出台后，首先加强宣传教育，让群众在潜移默化中认知、认同。其次要通过适当的形式，选举几名公道、正派、有信誉、有威望的村民代表组成村规民约监督、处罚组，监督村规民约的执行，处理处置违规、违约现象。村干部和党员要带头遵规、守约，有违规、违约的，要照规处理，不能搞特殊化。

（六）建筑人居

（1）与自然环境相协调、丰富外部活动空间。结合当地的自然地理条件，继承传统中对环境构成的重视，充分利用自然环境，将山、水、绿色空间有机地融合到建筑群体之中去，建筑的布局、体量、尺度等与整体自然环境条件相协调，创造与自然环境和谐共生的、具有生活气息的建筑和丰富的外部活动空间。

（2）研究创作与当地气候特点和生活方式相适应的新型建筑。注意气候条件，采取如加大进深，设置骑楼、天井中庭，提高层高等建筑措施，形成通风良好、遮雨防晒的建筑环境条件，进一步深入研究当地侨胞、居民的工作和生活方式、生活习惯的演进，加强建筑功能的综合性，积极探索适合新时代特点的新型侨乡建筑。

（3）处理好整体风貌和个体表现的关系。传统建筑整体上朴实无华，平缓的建筑形态上个别略有起伏，具有独特的总体风貌，并与个体建筑的特色表现完美结合。形成风貌具有整体思想，以简明一致、尺度宜人的单体组成的丰富的群体或街坊，注意整体轮廓线和建筑元件的运用，在保持一般中有序地突出重点，在关键地段、重要节点，精心处理建筑体量、尺度、色彩和建筑符号，形成标志性建筑，使统一中出现变化，平淡中突出焦点，防止各自为政的自我表现。建筑群体在讲究和谐统一的同时追求多样变化，可以有效地继承和发展侨乡的传统建筑风貌特点。

（4）适当运用传统建筑符号。建筑细部处理和城市小品，可有选择地采用具有侨乡文化韵味的部件，从传统中抽象出一些富于表现力的装饰手法，使之与旧区的传统特色一脉相传。新建筑可吸收传统之中的精华，如碉楼的独特造型，对挑出的屋盖、回廊、四角进行艺术上的精心处理，又如适当将侨乡中的柱廊、拱券、屋顶形式及其他建筑符号等有机灵活地运用到新建筑上来，形成精美细腻的侨乡建筑韵味。

（5）发扬节地传统，塑造宜人风情。继承侨乡一贯的节地传统，建设资源节约型侨乡新建筑，风貌除靠建筑本体形态的表现外，还要靠环境的烘托，运用集约思想，掌握适宜的城市空间尺度，塑造宜人的侨乡风情。

（6）建立建筑风格分区规划控制。根据城市设计，划分建筑风格的保护区、控制区、协调区和发展区，实施规划控制，使建筑风格能有层次地得以展现。

① 保护区：在历史街区保护地段，对传统建筑加以整体保护和完善，全面地展现传统建筑风貌。

② 控制区：在保护的前提下，适当进行内部设施改造，提高生活质量，适应现代生活要求。

③ 协调区：在全面更新改造的同时，注重传统建筑风貌的提升和

协调。

④ 发展区：从形成传统建筑文化的环境因素和人文背景出发，创造具有时代特色的建筑文化，现代建筑结合现代使用功能，与保护建筑形成联系和呼应，显现时代特点。

（七）外界口碑

1. 侨乡特色显著

台山是全国著名的侨乡，有"中国第一侨乡"的誉称。台山侨乡的孕育、发展与形成，经历了一个较为漫长而曲折的历史发展过程，具有"与海外交往及出洋谋生的历史久远""旅外乡亲众多，影响力大""建筑文化中西合璧"等特色。台山中国农业公园位于展现侨乡特色的核心区域，通过对园内斗山镇浮月洋楼、端芬镇梅家大院（汀江圩华侨近代建筑群）、端芬镇翁家楼的修缮开发，结合侨乡文化活动的举办，已成功打造侨乡特色名片，台山中国农业公园也因此成为外界了解侨乡台山的重要窗口。

2. 文化气息浓厚

台山中国农业公园围绕广海"打龙船"、浮石"飘色"等园内特色民俗文化以及台山民歌、台山曲艺等传统音乐，升级打造节令节庆活动，提高了节庆宣传效应和塑造浓厚的文化气息，也让外来游客感受到台山中国农业公园的文化情怀。

3. 农产品特色优质

台山中国农业公园具有丰富的物产，依托优越的气候、资源和生态环境，台山中国农业公园已形成大米、椰菜花、西洋菜、茭笋、咸鱼、紫菜等涵盖粮食、蔬菜、水产的特色农产品体系。通过完善农产品推介渠道、发展特色农家乐，游客充分感受到当地农产品的特色，购买特产、品尝美食已成为游客游玩台山中国农业公园的首选。

4. 生态环境优美

台山中国农业公园的"广东第一田"万亩水稻示范片已广为人知，

其所展示的正是禾海稻浪、清新辽阔的优美自然环境。水稻主题园的建设更是让人们从多角度、全方位亲身体会台山中国农业公园所具备的自然生态元素。此外，广海石窟等地貌美景，端芬千岛湖、端芬瀑布、赤溪黑沙湾等水系美景作为台山中国农业公园的重要旅游节点，给游客留下了深刻而美好的印象。

四、历史遗产传承

（一）乡村遗产保护传承措施

（1）加强保护，及时开展抢救性保护和修缮维护工作。

（2）加强普查力度，依法建立保护名录。

（3）深入基地进行培训。

（4）搭建民间艺术展演平台。

（5）以遗产保护带动旅游业，以旅游发展反哺遗产保护。

（二）乡村遗产保护传承效果

（1）历史环境要素得到修复

推进翁家花园、上泽圩、坪洲举人村、梅家大院、东宁里、海口埠、浮月村、斗山圩、五福村、浮石村等11处景点建筑的修葺，使历史环境要素得到有效修复。同时，台山市"一普"工作稳步推进。目前，包括台山中国农业公园在内已完成5367件（套）可移动文物的信息采集、审核校对和数据上传工作。

（2）村民的生活条件得到显著改善

一是结合幸福新农村项目，围绕道路、给排水、危房、卫生环境、文化娱乐、游客服务等方面，推进台山中国农业公园内重点村庄、街区的基础设施建设，让乡村遗产保护融入村民生活中。二是通过群众性文化活动，丰富村民的文化生活，提高村民对乡村遗产的自豪感和保护传承的自觉性。

（3）非物质文化遗产传承青黄不接现象得到遏制

广东音乐、浮石"飘色"传承基地的建设有力推动了非物质文化遗产进校园、进课堂的系统化和常态化，文化传播渠道和传承人才的吸引识别渠道得到拓展，传承力量年轻化趋势初步显现。

（4）特色产业发展日趋成熟

台山中国农业公园建设发挥以"禾海稻浪"水稻文化公园、广海海洋历史文化遗址公园、湿地公园为龙头的辐射带动作用，引领农耕文化、侨文化、"海丝"文化发展，使台山中国农业公园的特色手工、特色建筑、特色艺术、特色民俗充分展现在游客面前，实现社会效益和经济效益共同提升。"禾海稻浪"水稻文化公园、广海海洋历史文化遗址公园、湿地公园等项目以门票收入、酒店、特色乡村旅馆、民宿收入、商铺租金收入、餐饮、乡村酒吧、纪念品及土特产销售、单车租赁、表演门票等作为主要经济收入来源，每年共可带来约9600万元的收入，特色产业发展日趋成熟。

图11-16为2018年全省春耕备耕暨农业"三下乡"现场会，图11-17为首届"中国农民丰收节"暨第六届江门市农业博览会。

图 11-16　2018 年全省春耕备耕暨农业"三下乡"现场会

图 11-17 首届"中国农民丰收节"暨第六届江门市农业博览会

（三）乡村遗产保护传承荣誉

1. 非物质文化遗产

目前，台山市非物质文化遗产项目共有 14 个，其中，国家级 2 个，省级 1 个，地市级 6 个，县市级 5 个。在台山中国农业公园内，非物质文化遗产项目共有 7 个。

2. 物质文化遗产传承

台山市有中国历史文化名村 1 处，广东省历史文化街区 2 处，中国传统村落 1 处，广东省传统村落 2 处。台山市有省级文物保护单位 11 处，县市级文物保护单位 23 处。其中，台山中国农业公园有省级文物保护单位 7 处，县市级文物保护单位 2 处。

图 11-18 为台山银信博物馆，图 11-19 为陈宜禧纪念广场，图 11-20 为端芬翁家楼。

图 11-18　台山银信博物馆

图 11-19　陈宜禧纪念广场

图 11-20　端芬翁家楼

五、产业结构发展成效

（一）农业内部产业结构和谐发展状况

台山市是全国农村经济综合实力百强县（市）之一，是全国首批实现小康县（市）之一。农业生产已形成优质水稻、海水养殖、淡水养殖、优质水果、蔬菜、花卉、甘蔗、林木、禽畜等十大农业商品生产基地。台山中国农业公园 2016 年实现农业总产值 19.86 亿元，农业主导产业有水稻、蔬菜和水产等，详情见表 11-1。

表 11-1　台山中国农业公园及园内各镇农业 2016 年发展概况统计表

序号	区域	农业总产值（亿元）	农业主导产业
合计	台山中国农业公园	19.86	水稻、蔬菜、水产
1	都斛镇	6.26	水稻、蔬菜、水产
2	斗山镇	2.61	水稻、蔬菜、水产
3	赤溪镇	2.2	水稻、蔬菜、水产
4	端芬镇	4.26	水稻、蔬菜、水果、水产
5	广海镇	4.53	水稻、水产

台山中国农业公园为实现农业内部产业结构的和谐发展，主要采取以下措施。

1. 立足资源，优化特色产业布局

台山中国农业公园位于台山的东南部，耕地资源丰富、水资源充足，具有蜿蜒曲折的海岸线。可根据资源优势和种植传统，在区域内大力发展水稻、蔬菜、水产等产业，有力地构筑农业产业优势。目前，台山中国农业公园内有国家、省、江门市、台山市四级联办的粮食示范点，示范用地规模为4000hm²，每个点建立核心区6.67hm²，核心区两季亩产1000kg以上。其中都斛镇莘村、下莘村、园美、坦塘村、古逻村的国家、省、江门市、台山市四级联办的粮食示范点示范用地规模为2666.67hm²，端芬镇海阳村国家、省、江门市、台山市四级联办的粮食示范点示范用地规模为1333.33hm²。这里创建了鳗鱼健康养殖、标准化养殖和出口产品质量安全等3个国家级示范区，成功地将"台山鳗鱼"打造成国家地理标志产品，鳗鱼年产值近27亿元，占全省的80%，全国的75%。

2. 整合技术，调整品种结构

优良品种是生产优质产品的前提，品质是农产品打入市场的先决条件。因此，台山中国农业公园在品种品质结构调整上，注重淘汰劣质、低产、低效和市场滞销品种，培育引进和推广优质、高效、高产品种。例如，为加快发展优质水稻，按照田园林网化、灌溉硬底化、耕作机械化、品种优良化、管理科学化的"五化"标准，在都斛建设万亩水稻高产示范片，区内良种覆盖率、机耕率、机收率均达到100%，带动了周边5000多户农民科学种植、有效增收，辐射面积达4万多亩，大大提高了全市粮食综合生产能力。此外，赤溪镇、广海镇已先后建立了蔬菜示范基地，引导广大农民应用蔬菜优良品种和先进适用技术，促进科研成果的转化。

3. 依托组织，推动结构调整

培育和打造农业产业化经营组织，以"公司＋农户""公司＋合作社＋农户"等形式带动农户转变生产方式、发展优势产业。目前，台山市共有农业产业化组织319家，其中龙头企业16家（省级6家、市级10家）；农民专业合作经济组织290家（其中国家级1家、省级示范单位1家、市级示范单位11家）；江门市级示范性家庭农场13家。

（二）农产品加工流通业和谐发展状况

目前，台山全市有各类农产品加工企业共93家。台山中国农业公园内农产品加工企业以粮食加工、水产加工为主。为进一步将园内农产品资源优势转化为产业优势，正加快开展广东省农产品加工示范区建设。广东省农产品加工示范区用地总规划面积为12880亩，选址在斗山镇和广海镇，采取"一区两园"模式，分为斗山园区和广海园区进行规划建设，其中斗山园区面积为3418亩，广海园区面积为9462亩。整体园区的产业定位是重点引进先进农产品加工企业，对高附加值农产品进行深加工。目前，园区的各项建设项目进展顺利，总体规划和产业功能规划、斗山园区控制性详细规划已通过专家组评审，并已通过台山市规委会审议。

作为园区的首期建设项目，斗山园区计划创建物流交易区，肉类、水产品加工区，粮油加工区，生活配套区等。目前，斗山园区已通过土地总体规划的中期调整，并完成全部土地补偿协议的签订；土地平整工作同步进行中。斗山园区首期250亩土地调规方案已经省相关部门备案，完成土地报批工作，用地批文已下达。该地块初步计划用于建设香港利苑集团高端调味品、保健品及食品工厂，综合服务大楼，园区污水处理厂等。下一步，斗山园区将加快推进香港利苑集团高端调味品、保健品及食品工厂120亩土地"招拍挂"（招标、拍卖、挂牌）工作。

同时，园区将依托"广海前沿外向型加工"和"斗山纵深综合性加工"两大组团，积极引进有实力的农产品加工大企业，有效利用国内、国外两大资源，形成港口口岸、保税港区、加工园区无缝衔接的港区园一体化发展格局。为了推进招商项目的落实，台山委托广东省粤孵新业态创新发展研究有限公司对园区招商项目进行研究，编制园区的招商引资优惠政策、招商引资方案及园区的管理办法等，并已完成方案制定工作。

园区已成功引进多家实力雄厚的农产品加工企业，项目总投资逾43亿元。其中，香港利苑集团项目已确定落户园区，计划总投资5.75亿元，将在园区建成现代化大型循环经济养殖种植基地、畜禽屠宰分割速冻冷藏加工及配送中心和高端调味品、保健品及食品工厂三大基地。目前，三大基地用地问题已得到落实，正着手开展项目设计等前期准备工作。

另外，广东新供销天润粮油集团有限公司、广东新供销天业农产品有限公司计划在园区投资5亿元建设粮油加工储备、农副产品冷链配送中心；恒大农牧集团计划投资33亿元，在园区建设稻米深加工厂及仓储物流中心和牛羊肉深加工区、海产品加工区。目前正抓紧做好有关意向项目落户的前期工作，并与深圳市农产品基金管理有限公司、深圳市盛宝联合谷物有限公司等多个意向投资项目进行洽谈中。

下一步，将继续加大招商引资力度，落实园区土地、用电、通关口岸等方面的政策支持，积极争取省的优惠政策，制定扶持政策，吸引更多农企进驻落地，力促园区产生规模效益，形成集聚效应，拉动产业转型，促进农业增效、农民增收。

六、生态环境建设成效

（一）社区生态环境提升

项目建设以来，台山市新建生态景观林带39.2km、碳汇林1581亩，森林覆盖率达48.84%，空气优良率达92%。2016年全年完成人工造林面积405亩，幼林抚育作业面积1万亩，成林抚育面积10.12万亩。台山市2017年编制并公布实施《台山市生态控制线规划》。台山中国农业公园项目区内社区积极响应台山市政府号召，积极推动名镇名村示范村建设、村镇生活垃圾处理工作、"五改三清"村庄整治工作，完善各类公共设施配套，彻底改变社区生活环境"脏乱差"、行路难和饮水难等状况，社区生活环境大大改善。另外，台山市还编制了幸福新农村建设项目实施方案，建设内容包括新建污水处理系统 21 个；乡村道路建设 20km；村道、巷道改造 10km；水体改造 20 项；排水沟整治 20km；塘沟整治 $5 \times 10^4 \mathrm{m}^2$；危房改造 500 座；拆迁补偿 $1.3 \times 10^5 \mathrm{m}^2$；新建一批乡村公园、运动场所以及文化服务设施。

图 11-21 为斗山浮月村。

图 11-21 斗山浮月村

1. 改造农村公厕

对无公厕的农村新建公厕，对有公厕但未达到无害化卫生公厕标准的村实施公厕改造，实现全部行政村、自然村都有一座无害化卫生公厕。新建公厕执行《城乡公共厕所设计标准》（CJJ 14—2016），达到三类以上。根据自然村人口规模等实际情况设计为每座 2~6 个蹲位。改造公厕按新的标准进行，达到三格化粪池和达到二类或三类标准。

2. 建设农村污水处理系统

选用简便易行的厌氧＋人工湿地技术建设农村污水处理系统。厌氧水解是利用厌氧微生物的水解和产酸作用，将污水中的固体、大分子和不易生物降解的有机物降解为易于生物降解的小分子有机物，使得污水在后续的处理单元以较少的能耗和较短的停留时间得到处理。

3. 改水、改塘沟

通过村级水厂并网、供水管网改造、镇级水厂扩容技改等措施，实现农村自来水水质达到国家有关标准。通过整治村庄内污水塘、臭水沟和受污染的河道，清理排水渠的污泥，排水渠、沟实现硬底化和无积水，逐步实现"雨污分流"。有条件的村实行污水集中处理。

4. 加强垃圾收集处理

要求每个自然村有垃圾收集屋和保洁员，改善农村环境卫生。

5. 完善绿地系统

从生态系统的连续性、开放性和多样性的特点来确定绿化规划的原则，建立点、线、面结合的绿化系统，形成人、建筑、自然形态相依，文脉相通，相互交融的农业公园绿化系统。根据点、线、面结合的绿化系统模式，考虑人、山、水、城、林之间的相互融合，营造绿林掩映、草木葱郁、花香四溢的原生态景观。保留现有的树林，作为背景林营造绿色的大环境。在农业公园内增加开花、色叶树种，种植于道路两侧、主要节点处及主要设施周围，形成四季变化、丰富多彩的景观。结合生态岸线，融景观、游憩、认知于一体。选用色叶林和姿态优美的树种，四季花卉与花灌木相搭配，滨水地带多选用湿生植物。在山地设景观步行道，加强其自然平静的气氛，设计野趣之路。在布置乔木时应选择树姿自然、体型高大的树种。同时，要有自然点景，如散置于路旁的石块等。

6. 完善排水系统

排水系统采用"因地制宜、就近分散排放"的原则，旅游区内雨水、污水实行分流排放。雨水工程规划原则是就近排入自然水体，以减小雨水管渠断面、长度及埋深。雨水管渠沿规划道路铺设，收集雨水排入水体。由于长江流域雨水量大，故管径也大，为减少管道埋深，可以采用盖板边沟。污水排放根据具体情况采取了分块布管、分散处理、就近排放的污水规划方案，分别设置小型生活污水净化装置，污水净化后分别就近排入水体，或作为景观灌溉用水和农业综合用水。远期集中收集，统一处理。

园内各镇建设情况重点介绍如下。

（1）都斛镇：2016 年，完成坦塘村委会农场三村环境整治工程。2016 年，继续推广生活垃圾无害化处理项目，现共有 14 个村委会、78 个村小组加入，平均日处理垃圾量达 14t，农村居住环境得到较大改善。2015 年，完成都下水库饮用水源临水面第一重山 0.02km^2 林地调整为县级生态公益林。南村村委会田边村被评为"台山市生态文明村"。推广生活垃圾无害化处理项目，全镇有 9 个村委会、46 个村小组加入生活垃圾无害化处理项目，平均日处理垃圾量 12.3t。

（2）广海镇：按照"户收集、村集中、镇转运、市处理"的垃圾处理模式，全面实现城区和农村生活垃圾无害化处理，城乡卫生环境得到有效改善。

（3）端芬镇：对大同河段、端芬河段超过 $7.5 \times 10^5 m^2$ 的水浮莲进行清理。2017 年切实推进总投资近 2000 万元的 35 个镇（村）级污水处理厂（点）建设工作。

（4）斗山镇：截至 2016 年年底，斗山镇有 11 个村被评为"江门市生态村"。2016 年，墟镇污水管网得到有效整治，管网不断延伸，该镇进一步建起更为完整的处理生活污水的管网。2015 年，推进河堤加固、河道清障清淤工作，对大隆洞河斗山河支流 6.49km 的堤防加固，完成斗山河大湾段清障清淤 3.9km 及河道疏浚 6.06km 等整治工程。2015 年 7 月 20 日，斗山镇莲洲、中礼、田稠、大湾、那洲、秀墩、西栅、五福、其乐 9 个行政村通过江门市生态村的验收。

（5）赤溪镇：制定《赤溪镇农村生活垃圾收运处理工作实施方案》和《赤溪镇生活垃圾处理项目政府购买服务实施方案》并于 2017 年全面实行。

（二）产业区生态环境保护

1. 农业面源污染治理

世界银行贷款台山农业面源污染治理项目：2016 年，扎实开展世界银行贷款广东农业面源污染治理项目，现共有 10 个村委会、81 个自然村、3926 户农户参加项目的治理实施，治理面积达 2.84 万亩，受益农民近 2 万人。台山市在都斛镇实施世界银行贷款广东农业面源污染治理项目环境友好型种植业子项目（该项目实施范围包括都斛镇和海宴镇，重点开展农药、化肥污染治理，两镇治理面积共为 3338.66hm²）。都斛镇农药、肥料、喷雾器补贴交易总额为 1034.93 万元，补贴金额为 278.3 万元。

2. 推进粮食创高产技术

开展粮食创高产技术指导，推广测土配方施肥技术、病虫害统防统治技术、统一灭鼠、水稻病虫害预警预测技术、水稻生产全程机械化。推广粤晶丝苗 2 号、五山丝苗等优良品种，确保万亩片良种覆盖率达 100%。新技术的应用有助于保护农田生态环境。

3. 旅游服务提供区生态环境保护

旅游服务提供区生态环境主要通过实施空间管制来保护。空间管制规划如下。

（1）规划目标

空间管制是优化城镇格局和资源配置的重要手段。按照《城市规划编制办法》的要求，综合考虑自然环境条件、工程地质、用地性质和资源保护等多方面因素，划定禁建区、限建区、适建区和已建区，不同地区分别实行不同的空间管制对策。

（2）空间管制分区与管制措施

空间管制分区与管制措施见第六章第五节。

七、村域经济发展成效

（一）村域经济产业结构

1. 现代农业型村域经济

现代农业型村域经济指村内农林牧渔产值接近或超过 30%、农户收入主要来源于农业的村域经济。目前台山中国农业公园内有很大一部分行政村属于这一类型。

2. 工业型村域经济

工业型村域经济指非农业产值比重超过 80%，其中工业产值超过 50%，农户收入主要来源于非农产业的村域经济。这种类型的村域经济在台山中国农业公园内并不多见，如端芬镇上泽村，地处台海公路边，上泽支路口一带划为端芬镇经济开发区，发展经济的潜力很大，企业有榨油厂、碾米厂、板厂、饮食店等。广海镇鲲鹏村依托沿海资源优势，大力发展船厂、机械厂、冰厂、冷冻厂、购销部等，促进村内水产养殖与捕捞产业发展。

3. 旅游型村域经济

旅游型村域经济指保护与开发并重的古村落和"农家乐"集群式发展的村域经济。目前台山中国农业公园内属于该村域经济类型的村庄有斗山镇浮石村、浮月村，它们均为国家级传统村落。其中，斗山镇浮石村是"赵宋皇族村""中国民间艺术（飘色）之乡"，是具有六百多年历史的古老村庄。该村村民崇尚文化，热爱艺术，建立了中国第一支农民排球队，出版了中国第一本英文语法书，刊行了中国第一本记录本村方言的字典，从而开创了中国文化教育史上的三个中国第一。

（二）村域经济管理模式

近年来，台山市加强农村集体资产、资源和资金管理，从农村财务管理制度化、规范化、标准化建设入手，采取了一系列行之有效的措施，农村集体经济管理取得了一定成效，2014年台山市获评"全国农村集体'三资'管理示范县"。台山中国农业公园各镇采取的措施主要有：一是对集体资源性资产实行源头管理；二是规范民主议事程序；三是开展集体"三资"清理工作；四是加强集体"三资"的网络化管理。

（三）村域经济发展总量

在台山市委、市政府的正确指导下，台山中国农业公园内各镇村域经济发展较快。2016年，台山中国农业公园区域内实现工农业总产值已达120亿元以上。表11-2为台山中国农业公园及园内各镇2016年工农业总产值汇总表。

表11-2　台山中国农业公园及园内各镇2016年工农业总产值汇总表

区域	工农业总产值（万元）	工业总产值（万元）	农业总产值（万元）
台山中国农业公园区域	1273275	1081222	192053
斗山镇	117700	91622	26078
都斛镇	147700	87500	60200
赤溪镇	527375	507000	20375
端芬镇	128400	88300	40100
广海镇	352100	306800	45300

八、村民生活质量

（一）村民人均住房面积

农村危房改造是台山市一项重大的民生项目。结合江门市提出"三年任务两年完成"的工作要求，为落实危改工作，台山市对"五保、低保、贫困残疾人家庭"三类特殊群体的最高补贴标准已达 3.3 万元 / 户，调动危改户积极性，2015 至 2016 年两年间，已完成 1219 间的农村危房改造任务。2016 年，台山市中国农业公园内各镇村民人均住房面积约为 42m^2。

（二）村民就业率

"十二五"期间，台山市新增城镇就业人员 2.35 万人，农村劳动力转移就业人员 2.65 万人，城镇登记失业率均控制在 3.2% 以内。2016 年，台山市开展农村劳动技能培训双转移就业人员 1566 人，有效带动台山市中国农业公园各镇村民就业率达到 90% 以上。

（三）村民人均收入

改革开放以来，台山市经济迅速发展，是全国农村经济综合实力百强县（市）之一，是全国首批实现小康县（市）之一。2016 年全市农业总产值为 113.88 亿元，农村常住居民人均收入为 14808 元，比 2015 年增长 8.8%。其中，都斛镇村民人均收入为 7183 元；广海镇村民人均收入为 10497 元；端芬镇村民人均收入为 8378 元；赤溪镇村民人均收入为 10357 元；斗山镇村民人均收入为 8592 元。

（四）村民子女入学率

台山市历来重视教育事业的发展。早在 2012 年，台山全市 18 个镇（街、场）就已全部成功创建为广东省教育强镇，并于 2014 年 12 月以 92 分通过了国家义务教育发展基本均衡县的评估认定，成功创建为教育强市。近年来，台山市政府还通过标准化学校建设、教育强镇复评等手段，加大教育投入，规范办学行为，实施一系列的教育改革，巩固创强成果，全市学校的面貌焕然一新，办学条件明显改善，城乡之间、学校之间实现了基本均衡。

依托上述工作，2016年，台山市中国农业公园各镇实现了4个100%的目标，即九年义务教育覆盖率为100%；小学适龄儿童入学率为100%；初中适龄人口入学率为100%；初中毕业生升学率为100%。

九、服务设施建设成效

（一）道桥游线设施

（1）自驾车游览线路：在各片区自驾车观光通道基础上，建设连接各区的自驾车衔接线路，注重沿线景观林带建设，沿途设置自驾服务节点，形成空间界面完整的旅游干道系统。依托273省道、274省道、365省道、543县道、546县道衔接珠三角绿道主线，融入区域绿道网络。

（2）慢行线路：在各旅游区内部，根据原有乡村道路基础进行景观改造和功能拓展，建设以步行、自行车骑行为主的慢行游憩空间。

（二）下榻接待设施

结合项目区内的传统建筑，建设三处民宿体验区，分别是浮月村南洋建筑民宿体验区、汶央村南洋建筑民宿体验区和上泽圩特色民宿体验区。通过传统古建民宿、自然生态民宿和美食体验民宿来打造民宿体验区。

（三）餐饮服务设施

台山中国农业公园项目重点是在都斛镇区打造"星期天的家"美食街。"星期天的家"美食街是一条以提供海鲜餐饮服务为特色的美食街。依托都斛镇海鲜交易市场，利用当地特色街区，构建特色海鲜美食街，让游客到这里品尝最新鲜的海鲜美味；利用节庆活动，开展集市主题活动，定期打造长街宴；通过售卖当地特色产品的模式来经营美食街。美食街定位为台山中国农业公园的都斛驿站，是集购物、餐饮、娱乐于一体的商业综合体。美食街与原有都斛市场海鲜食街、新建的中国农业公园游客中心食街构成骨干节点，沿路形成都斛农业特色小镇的旅游特色美食线路。同时，美食街还将进一步完善都斛圩镇的城镇功能，满足游客旅游消费需求，促进都斛特色优质农产品的宣传推广，提升都斛镇的旅游承载力和品牌影响力。

第二节　农业公园资金筹措和运营建设

台山中国农业公园范围覆盖都斛、斗山、赤溪、广海、端芬 5 个镇，2015 年 9 月，台山成功成为国家农业公园创建单位，江门市委市政府、台山市委市政府对此高度重视，提出要用两年的时间，完成打造广东第一个国家农业公园的目标。建设方成立了强有力的领导班子推进这个项目，高标准规划，重点抓好起步区建设。计划建设都斛"禾海稻浪"水稻田文化主题园、斗山浮月村乡村游项目、海口埠"广府人出洋第一港"主题公园，截至 2018 年年底，三个项目已基本完成首期工程建设。

一、资金筹措与体系建设

为保障项目的建设及运营发展，园区制定了相应的发展策略。布置重点建设项目，作为先期启动项目，包括都斛"禾海稻浪"水稻田文化主题园、斗山浮月村乡村游项目、海口埠"广府人出洋第一港"主题公园等项目，通过先试先行，带动整个园区及周边区域的发展。

本项目建设资金的来源主要考虑项目资本金和债务资金。

经测算，项目需筹措开发建设总资金 129302 万元。其中项目资本金投入 29302 万元，资本金占比为 22.66%。项目拟申请银行贷款 100000 万元。

1. 多元资金的筹措

台山中国农业公园是一项投入大、建设期长的工程。建设初期首先要完成土地的确权以确定利益主体和保障产业规模，进一步需完成基础设施建设和服务设施配置。在此过程中，大量资金需要筹集，要充分利用和吸引国家农业政策倾斜、招商引资、村集体投资、农业合作组织等多方利益主体进行资本注入。资金筹集后，要按照现代企业制度的要求，深化改革，走"资源＋资本"的产业化发展之路。

2. 金融支持系统的建设

构建政府为主导的农业信贷担保服务网络，开展涉农信贷业务、农业设施的抵押担保业务等，扩大农业保险的广度与深度，建立健全农村信用体系。如成立现代农业投资发展有限公司进行资金集聚和台山中国农业公园的项目建设，涉农金融机构同经营主体之间开展对口金融服务和信贷支持。

我国目前农业公园的投融资应当倡导政府主导、企业主力、市场运作的复合投资模式。第一，要建立资产赎买制度，对台山中国农业公园内集体和个人资产进行必要的赎买或置换，转变资产所有权或取得长期经营权，以稳定实施对农业公园的管理。第二，积极利用市场机制，创建多元化投入机制。要重视发挥民间资本投资作用，鼓励合作社规模发展，鼓励土地使用权流转融资，以及吸引外商投资，形成多元化、多渠道的投融资模式。

3. 专业经营团队的引入

旅游产业要基于运营实现其目标。运营不同于产品本身，好或差的产品都需要运营，运营本身便具有强烈的团队品位与个性。在当前智慧旅游、体验为王的时代，有吸引力的旅游产品都是有内容的，而内容源于创意，创意源于对旅游市场的洞察力。由于台山中国农业公园具有地域广、业态多元、亲近乡村、本土化等特质，更需要一个顶层设计团队保证规范经营、业态与产品创新、品牌建设、新媒体营销等，以确保旅游产品强有力的市场吸引力。

4. 农业信息化服务体系的建设

农业信息化即立足于智慧农业与农业产业化，将农业生产、技术、服务与互联网的信息技术进行深度融合，实施"互联网+"建设工程，构建电子商务综合平台。要将台山中国农业公园建成农业物联网示范基地，探索不同农产品的物联网应用模式，如粮食类农产品产销一体化安全监管物联网、设施蔬菜的智能监测物联网、水产养殖远程控制农业物联网，以及智慧旅游时代的实景动态融合、大数据智能分析物联网等多种应用模式。互联网和物联网的出现，可以实现对农产品从播种、生产过程、生长环境、包装运输和销售等环节的监测与安全管理，对游客从查询、筛选、预订，到导览、体验、评价，进行数据分析与便捷服务。

二、台山中国农业公园的运营管理

1. 市场运作机制

台山中国农业公园由广东省台山市人民政府引导，由台山百峰农业旅游有限公司主体运营，以市场化的运作机制，推动其长期可持续发展。

2. 利益共享机制

在部分子项目建设中，当地侨胞或农民可以以民居或土地入股，成为台山中国农业公园建设运营的参与者，共同参与项目实施运作（如主办家庭采摘、家庭客栈、特色美食等项目），共享三产融合发展带来的利益。

3. 产业化合作经营

结合农业产业结构调整和农业产业化工作，培育和打造新型农业合作经营组织，以"公司+农户""公司+合作社+农户"等形式带动农户转变生产方式、发展优势产业。通过召开现场经验交流会和新闻媒体传播等渠道，广泛宣传动员，让广大农民熟悉农民专业合作经济组织的组织形式和合作方式，完善民主管理制度和利益分配制度，引导农户进一步加入合作组织，保障农民收入，实现利益的共享联结。

三、多种村域经济组织形式

1.农户家庭经营

以农户家庭为单位从事第一产业及二三产业经营活动，是台山中国农业公园区域中重要的村域经济组织形式。2016年，台山中国农业公园农村居民人均纯收入为14808元，其中人均经营收入约为3980元。在农户家庭经营收入中，60%左右来源于第一产业，水稻、蔬菜、水产养殖及捕捞是当地农户家庭经营的重要领域。随着区域内休闲农业和乡村旅游的兴起，越来越多的农户将经营领域拓展到服务业，开办农家乐、民宿，售卖当地特色小吃和自产农产品，利用农业基地开展观光采摘、农事体验等。按一户家庭平均四口人计算，2016年台山中国农业公园区域内年均每户家庭经营收入约为15920元。

2.村级集体经济组织

村级集体经济组织也是台山中国农业公园村域经济组织的重要形式之一。目前，村级集体经济组织经营收入平均约为37万元，收入来源主要为二三产业生产经营收入以及土地和房屋租金收入。

3.村域新经济体

台山中国农业公园的村域新经济体有农民专业合作经济组织、私人企业、股份制企业、股份合作制企业等，其中，农民专业合作组织、私人企业发展较快。

4.品牌建设

良好的品牌定位是品牌经营成功的前提，准确地对品牌进行定位，树立鲜明、独特的消费者可认同的品牌个性与形象，可以使产品在众多质量、性能及服务雷同的商品中脱颖而出。

随着城镇化步伐的加快，人们对于生态环境、绿色食品、休闲旅游等方面的需求日益增多，台山中国农业公园作为广东省第一个国家级农业公园，应以珠三角区域作为主要服务对象，都市化、公园化、国际化、精品化、特色化发展，逐步成为依托城市、服务城市、多元化融合发展的综合型园区。该项目战略定位为"广东第一农旅综合体示范样板"，因此，其发展不仅立足于发展休闲农旅，而且应以休闲农业和乡村旅游为主导，以三产融合的现代农业为支撑的广东第一农旅综合体示范样板。通过融合发展以及后期的品牌推广、品牌维护，打造出一个集秀美山水田园、多彩文化演绎、多元产业创新、活力宜居乡村于一体的台山中国农业公园，实现台山市美丽乡村环境整治提升的目的。

台山中国农业公园在品牌打造上不仅做出了准确的定位和文化内涵挖掘，而且通过举办主题活动、加强媒体宣传等手段不断提高品牌传播力。主要活动形式如下。

（1）举办主题活动

自 2016 年以来，项目区内各镇（街）开始重视起各自旅游资源"人无我有、人有我优"的特色，争相挖掘自身的亮点，各种以自然、文化、民俗和美食为主题的节庆和嘉年华频频在镇、村举行，如赤溪擂糖糊节、斗山飘色文化嘉年华、广海渔家风情节、端芬海口埠嘉年华和南粤古驿道定向大赛、侨乡农耕节等。主题活动的开展带动了人气，也宣传了地方，而且活动此起彼伏，体现了较好的创新性和延续性，为各方所乐见，大大提高了台山中国农业公园的传播力。

（2）加强媒体宣传

台山中国农业公园大力借助传统大众媒介、互联网平台提升品牌传播力，将品牌信息传达给消费者，促进消费者对品牌的理解、认可和信任，增加好感度，激发消费者的体验愿望，引得各类媒体争相报道，台山及周边游客闻讯前往体验参与，更引得海外华人华侨热议。

在品牌打造工作的推动下，台山中国农业公园的美誉力得到进一步提升，其品牌美誉力体现在如下几个方面。

① 全省首个中国农业公园，打造广东"最具乡愁感之地"（《江门日报》）。

② 全国第一个以水稻田为主题的旅游休闲文化区，全国第一个禾海温泉酒店，全国第一个以水稻田为基础的青少年学农体验园，全国第一个抒发乡愁的田园式养生养老社区（《南方都市报》）。

③ 想不到在珠三角经济如此发达的地区，还保留着自然环境这么美丽和完整的地方（中国村社发展促进会副会长、执行秘书长沈泽江）。

④ 台山是申报创建中国农业公园的地方中资源禀赋较好的一个城市，它是一座富矿，一座值得深深挖掘、开采利用的富矿。这座富矿，表现在五个"富有"：一是富有好资源，二是富有层次感，三是富有多样性，四是富有高品位，五是富有发展前景（中国国土经济发展研究中心主任乔惠民）。

第十二章

项目特色与综合效益

第一节 项目特色

一、项目的独特性

中国农业公园是农作物种植和农耕文化相结合的大农业公园，是中国乡村休闲度假和农业观光的升级版，是农业旅游的高端形态，是我国在农业农村连片地区新型城镇化的主要发展路径，是生态环境与产业统筹发展的重要抓手，是区域产业优化升级，农村发展的重要路径，是构建全域旅游的支撑。

项目规划过程中，积极构建现代农业产业体系，加快转变农业发展方式，完善游憩系统，引导村庄建设，探索台山市农村发展路径，拓宽农民增收渠道。

（1）注重规划区域体系研究。分片区布局打造四个相对独立的综合发展片区，实施重点项目带动或交通沿线带动，建设部分重点项目，发挥示范带动的作用，结合美丽乡村的建设，优先发展村庄体系布局。

（2）项目积极探索美丽乡村发展模式，依托浮月村、东宁里、上泽圩等民宿及乡村酒店的改造与建设，配套相应的服务设施，探索农村产业融合发展与美丽乡村建设的有机结合。

（3）加快农业结构调整。园区依托产业现状及资源条件，提升水稻、水产、苗木、林果、果蔬、农产品加工等产业，调整优化农业种植养殖结构，实现了生态种养循环发展。

（4）拓展区域农业的多种功能，完善核心区域的旅游体系。园区基于产业基础及各个片区核心区的建设，发展了斗山镇步行街、海口埠、浮石村、浮月村、翁家楼等文化观光产品；稻田艺术、七彩苗木等农业观光产品；北峰山国家森林公园、红树林湿地公园等生态观光产品。

（5）充分利用"互联网＋现代农业"机遇，推进现代信息技术应用于农业生产、经营、管理和服务，为区域提供优质安全的农产品及休闲服务。

（6）转变传统经营模式。公共项目区的建设实现土地集约经营，盘活土地资源，吸引海外侨胞回乡创业，发展多种经营模式。

（7）项目规划充分借鉴数位一线规划及农业专家的智慧，为项目的规划建设及农业产业提升，提出可行性的意见与建议。

（8）创新项目建设资金筹措及融资方式，优化投资环境，鼓励和支持外资及社会资本投资现代农业、美丽乡村建设，制定积极的财政扶持政策，同时，打造华侨返乡建设的投资环境。

二、项目的创新点

（1）创新侨乡文化与现代农业产业、休闲旅游资源深度融合发展。对台山特有的建筑文化、民俗文化、商业文化、体育文化、音乐文化、海洋文化进行深层次的挖掘与活化，整合区域山地、溪流、田园、文化、村寨，对自然生态资源进行人文化演绎，充分发挥"海"与"侨"的龙头带动作用，将台山打造成为以海上丝绸之路为抓手，侨乡文化突出，融合现代农业体验、休闲、都市、创意功能，重点发展现代休闲农旅，打造"农情漫台山，海丝新侨乡，悠游侨乡故里"的"海丝"农业新城的新景象。

（2）充分利用"农业＋"的发展机遇，创新发展农业三产融合方式和农旅结合方式："农业＋互联网"，发展定制农业、精细化农业或者农产品直销基地，实现规模化采购；"农业＋旅游"，打造温泉＋房车＋游艇＋民宿等高端旅游产品；"农业＋地产"，项目包括庄园集群＋风情小镇＋企业活动中心＋乡村酒店等；"农业＋科技"，打造农业科技园区；"农业＋创业"，打造农民创业园；"农业＋物流"，打造高效运作的农业物流基地。

（3）注重专题研究，规划实施指导性强。项目初期从项目区涉农旅游资源、农产品市场、珠三角旅游市场等多方面进行了系统的专题研究工作，为后续工作的展开确立了坚实的基础。

（4）特色化游线＋"子公园群"体系构建。在各个独立的功能片区内设置服务中心，同时规划自驾车观光游览线路、慢行观光游览线路和水上游览线路来完善各个园区的游憩系统规划，配合"海丝"文化节、"侨乡"影视艺术节等扩大农业公园的影响。统筹资源，全面提升各个独立片区的旅游资源，形成台山中国农业公园中相对独立的子公园群。

（5）针对农业特色发展模式，制定切实可行的保障措施。近期政府对规划区进行全面规划，完善基础设施建设，继而招商引资，积聚资金、技术、项目，带动示范区的发展；远期以企业投资为主，以科技支撑为手段，整体打造品牌。

（6）专家引智。从规划的初期调研一直到项目的后期建设服务，规划全程咨询农业及规划等多专业领域专家，就产业发展和规划布局展开研讨，合理规划用地、产业指引及村庄建设布局，为当地引入适合的农业生产技术及品种，引导区域现代农业及健康休闲旅游的发展。

第二节　项目实施效益

台山中国农业公园的实施是改善台山市城乡居民生活质量和居住条件的重要举措，是促进社会和谐稳定发展的有力保障。项目的实施建设可以有效保护和利用台山市旅游资源、生态资源，改善区域环境、提升整体风貌，保障食品安全，提高区域农业发展贡献率，同时具有带动区内及周边农民就业、提高农民收入和农业科技贡献率的作用。台山中国农业公园的建设既是台山市建设精品乡村旅游示范区的客观要求，也是当地经济发展和乡村振兴的必然诉求，对台山市经济社会的发展具有重要意义。

一、经济效益

项目区综合经济指标见表 12-1。

表 12-1 项目区综合经济指标

序号	主要内容	数量	单位	备注
1	占地面积	800	km^2	—
2	投资总额	191500	万元	含不可预见费用
3	项目区年产值	84700	万元	运营期
4	项目区年成本	40000	万元	运营期
5	项目区年利润	44700	万元	运营期
6	功能区内部收益率	12 ~ 14	%	—
7	功能区投资回收期	6 ~ 8	年	—

二、示范引导作用

（1）提高区域农业发展贡献率，通过先进的农业生产技术、品种辐射带动周边区域农业产业发展。

（2）直接为项目区就业做出贡献。项目区的建成将带来大量就业岗位，为周边地区劳动力带来就业机会，增加当地居民收入。项目建设完成后，将新增与项目有关的企事业单位参与项目建成内容的维护、保养等工作，如游客服务中心及乡村旅游景点服务工作、公园养护工作等，届时将提供就业岗位；本项目建设的衍生内容也会创造更多的就业机会，如美丽乡村建设将带动旅游业、餐饮业等发展，现代农业服务中心建设将带动当地农业及农产品加工业的发展，这些由项目建设衍生的发展机会将在更大程度上促进台山市的经济发展，并进而提供更多的就业岗位。

（3）承载台山本土文化传承。通过台山中国农业公园的建设，加强对台山乃至江门侨乡文化的保护与传承。

（4）改善农村环境、提升整体风貌将是对项目区的最明显贡献，尤其是重点项目建成后，将带动当地农村道路交通、水电通信等基础设施的建设，促进村容整洁，村貌美化；休闲观光农业所要求的市场化经营意识、现代的管理理念和高素质的管理团队，也有利于促进农村民主管理。

（5）搭建发展平台，通过提供品位高、功能全的配套服务，为入驻企业提供产销兼顾的落脚点和创业研发的孵化平台，同时通过整体营销，以整体品牌的构建推动单体品牌价值的提升，提高入驻企业的发展潜力。

通过新农村建设完善辖区内的污水处理系统，通过幸福新农村建设对农村道路、塘沟等进行改造，通过城乡公园和湿地公园建设为居民提供更好的公园基础设施。因此，项目建设无疑将带来基础设施的增长。基础设施的增长不仅是城市容量的基础，更是城市生活品质提高和城市文明的保证。基础设施建设水平的提高带来社会服务容量的提高，更大范围内、更多的社会群体能够享有基础设施水平提高带来的便利。同时，农村环境水平的提高、乡村旅游的发展、基础设施的改进、生态景观的提升以及现代农业服务中心的建设都使区域内居民的生活品质得到显著提高，城市文明得到发展。

因此，本项目建设将进一步完善区域内的基础设施，增加社会服务容量，促进区域内的城市化进程。

三、生态环境提升

项目区将打造成为新"海丝"国际现代农业创新交流平台、泛珠三角地区优质农产品供应基地和广东岭南特色现代农业示范推广地，承担"中国第一侨乡"乡村旅游体验地和珠三角地区及粤澳合作的休闲农业旅游后花园的作用，构建特色侨乡传统村落慢生活体验地，使台山中国农业公园的产业发展迈向新的台阶。

项目建设以来，台山市 2016 年全年完成人工造林面积 405 亩，幼林抚育作业面积 1 万亩，成林抚育面积 10.12 万亩，全市森林覆盖率达 48.84%。2017 年，台山市编制并公布实施《台山市生态控制线规划》。台山中国农业公园项目区内的社区积极响应台山市政府号召，积极推动名镇名村示范村建设、村镇生活垃圾处理工作、"五改三清"村庄整治工作，完善各类公共设施配套，彻底改变社区生活环境"脏乱差"、行路难和饮水难等状况，社区生活环境大大改善。

第三节　农业产权制度的改革创新

完善有效的管理机构是国家农业公园的实施主体。要使农业资源得到有效保护与统一的开发、运营与管理，有必要参照国际上通用的国家公园的管理模式，建立集权有效的管理机构。台山中国农业公园采取集权统一管理体制，通过"政府+"的形式，直接下设公司或专业合作社进行直线型管理。此外，行业协会也应充分发挥其在制定行业标准、解决矛盾、培训咨询、检查评估等方面的作用。

农业产业结构调整的背后是土地改革，土地改革的关键是产权制度改革。当前农村土地制度改革的基本内容正是落实集体所有权、稳定农户承包权、放活土地经营权，形成所有权、承包权、经营权的"三权分置"。在此基础上，土地可以通过转包、出租、互换、入股等多种交易方式进行顺畅流转，这也是确保土地进行统一管理、专业化与规模化经营的前提。而当前，需进一步考虑的是在支持农业三产化、农旅融合上面更有针对性的土地政策。国家农业公园建设需要更大地域的土地资源作为支撑，且会涉及更多利益相关者。国土部门要制定相应的土地供应计划以确保农业产业化的发展方向，如适度增加观光农业发展用地、三荒地的复垦再利用、增加农业旅游项目用地的使用年限等细化措施等。

近年来，台山市加强农村集体资产、资源和资金管理，从农村财务管理制度化、规范化、标准化建设入手，采取了一系列行之有效的措施，农村集体经济管理取得了一定成效，2014年台山市获评"全国农村集体'三资'管理示范县"。台山中国农业公园各镇采取的主要措施如下。

一是对集体资源性资产实行源头管理。对规划内的集体土地、荒地开发，按照相关法律、法规，严格报批程序，未经批准，不准占用。同时对集体资源性资产实行跟踪管理，将目前村组账代管变为将村组账委托第三方管理，进一步完善社会中介组织代理村级财务会计管理各项制度，组织人员加大对中介组织的监督力度，充分发挥社会中介的专业化管理作用。

二是规范民主议事程序。这些程序包括强化资产资源交易前的民主议事程序，加强对"四议两公开"民主议事过程的监督等；同时，完善资金管理、人员培训、监督检查、财务审计等方面的管理制度。

三是开展集体"三资"清理工作。按照《台山市农村集体资产清理核实工作方案》，将村集体资产进行摸底、登记（清偿）、评估（核资），明确了村集体资产的分布、存量、结构及效益状况，做到了心中有数，防止村集体资产被闲置、流失、侵占，确保了资产的保值增值。

四是加强集体"三资"的网络化管理。建设镇"三资"管理服务中心，建设农村集体资金、资产、资源（"三资"）监管平台，建设村产权流转管理服务平台体系，促进农村产权管理制度化、规范化、信息化。在各镇（街）推行"村财通"管理，通过网上查询平台、短信平台及 POS 平台、与财监平台数据对接等平台功能，加强对农村集体经济组织资金账户的监管。在处置资产时，通过公开招投标，规范运作程序，严把投标关，使村集体资产处置能在合理的招投标上进行公平竞争，产生了较高的中标额，保证了村集体资产、资源的保值增值，增加了村集体收入，保护了群众的利益。

参 考 文 献

[1] 魏倩 . 对旅游景区公司上市的评析及完善措施研究 [D]. 兰州大学，
2008.

[2] 杨锐 . 美国国家公园体系的发展历程及其经验教训 [J]. 中国园林，2001
（1）：62-64.

[3] 魏少燕 . 国家森林公园的资源评价与开发规划研究——以朱雀国家森
林公园为例 [D]. 长安大学，2008.

[4] 唐芳林 . 中国国家公园建设的理论与实践研究 [D]. 南京林业大学，
2010.

[5] 张海霞 . 国家公园的旅游规制研究 [D]. 华东师范大学，2010.

[6] 钱小梅，赵媛 . 世界地质公园的开发建设及其对我国的借鉴 [J]. 世界
地理研究，2004，13（04）：79-85.

[7] 刘红纯 . 世界主要国家国家公园立法和管理启示 [J]. 中国园林，2015
（11）：73.

[8] 罗金华 . 中国国家公园设置及其标准研究 [D]. 福建师范大学，2013.

[9] 田世政，杨桂华 . 中国国家公园发展的路径选择：国际经验与案例研
究 [J]. 中国软科学，2011（12）：7.

[10] 周兰芳 . 中国国家公园体制构建研究 [D]. 中南林业大学，2015.

[11] 秦华，易小林 . 农业公园景观规划的理论与方法探析——以重庆市黔
江生态农业观光园规划为例 [J]. 中国农学通报，2005，21（8）：282-
285.

[12] 马锦义，张宇佳，陈璐 . 农业公园初探 [J]. 湖南农业科学，2015（8）：
131-134.

[13] 冯艺佳，李倞，王向荣. 现代农业公园活动安排与组织模式研究 [J]. 规划设计理论，2015（12）：69-70.

[14] 田春艳，吴佩芬. 现代化视阈下农村生态环境问题探析 [J]. 农业经济，2015（10）：12-34.

[15] 刘海春. 现代休闲生活方式的本质、样态及未来走向 [J]. 深圳大学学报，2012，26（4）：2-3.

[16] 刘海春. 多元化的现代休闲生活方式 [J]. 华南师范大学学报，2011（3）：45-54.

[17] 李小美. 改革开放以来我国居民消费结构的演变分析 [J]. 广东商学院，2012（1）：45-89.

[18] 张耀，刘路路. 城市近郊生态休闲农庄景观规划研究 [J]. 山西建筑，2013，39（34）：12-34.

[19] 巧文俊. 旅游视角下乡村景观吸引力理论与实证研究 [M]. 北京：科学出版社，2013.

[20] 付晓杰. 低碳经济下的秦皇岛休闲农业发展研究 [J]. 中国环境管理干部学院学报，2012(01).

[21] 徐乾竞，赵明，侯立白. 休闲农业对周边地区的影响——以辽宁丹东大梨树为例 [J]. 科技信息，2011(35).

[22] 刘亮亮. 农旅融合背景下国家农业公园的建设构想与探索实践 [J]. 江苏农业科学，2017，45（5）：320-324.

[23] 汪勤. 基于商业画布的古田国家农业公园商业模式构建研究 [D]. 福建农林大学，2017.

[24] 马锦义，张宇佳，陈璐. 农业公园初探 [J]. 湖南农业科学，2015（8）：132.

[25] 王昆欣，张苗荧. 国家农业公园的发展思路及对策建议 [J]. 浙江农业科学，2017.

[26] 王昆欣. 走出全域旅游与景点旅游对立的误区 [N]. 中国旅游报，2016-09-28.

[27] 唐慧 . 基于社区参与的乡村旅游景区管理模式研究：以农业生态园为例 [J]. 安徽农业科学，2011（9）.

[28] 王昆欣，周国忠，郎富平 . 乡村旅游与社区可持续发展研究 : 以浙江省为例 [M]. 北京：清华大学出版社，2008.

[29] 张环宙，许欣，周永广 . 外国乡村旅游发展经验及对中国的借鉴 [J]. 人文地理，2007（4）: 83.